# 总有一天，你会原谅生活对你的不堪

中国华侨出版社

## 图书在版编目（CIP）数据

总有一天，你会原谅生活对你的不堪／姜翠平编著．
—北京：中国华侨出版社，2016.5
ISBN 978-7-5113-6057-1

Ⅰ.①总… Ⅱ.①姜… Ⅲ.①人生哲学—通俗读物
Ⅳ.①B821-49

中国版本图书馆CIP数据核字（2016）第102639号

## 总有一天，你会原谅生活对你的不堪

| 编　　著 | ／姜翠平 |
| --- | --- |
| 策划编辑 | ／邓学之 |
| 责任编辑 | ／文　喆 |
| 责任校对 | ／孙　丽 |
| 封面设计 | ／一个人·设计 |
| 经　　销 | ／新华书店 |
| 开　　本 | ／880毫米×1230毫米　1/32　印张/9　字数/190千字 |
| 印　　刷 | ／北京毅峰迅捷印刷有限公司 |
| 版　　次 | ／2016年7月第1版　2016年7月第1次印刷 |
| 书　　号 | ／ISBN 978-7-5113-6057-1 |
| 定　　价 | ／30.00元 |

中国华侨出版社　北京市朝阳区静安里26号通成达大厦3层　邮编：100028
**法律顾问：**陈鹰律师事务所
编辑部：(010) 64443056　64443979
发行部：(010) 64443051　传真：(010) 64439708
网　址：www.oveaschin.com
E - mail：oveaschin@sina.com

# 自序
## 相信自己，你一定可以过上你想要的生活

宫崎骏曾在他的电影里说："我始终相信，在这个世界上，一定存在另一个自己，在做着我不敢做的事，在过着我想过的生活。"其实，我们每个人都可以成为另一个自己，只要我们愿意，只要我们肯努力，就没有我们不敢做的事，就没有我们过不上的生活。

然而，对于初出茅庐的年轻人而言，多年来习惯了学校的舒适，习惯了父母的庇护，往往会表现得过于轻狂。初入社会，复杂的工作做不来，简单的工作又不屑去做，工作换了一份又一份，却毫无收获。年少轻狂，不够成熟，这也是可以理解的。但是，你要知道，人终归是要成长的，你可以不成熟，但你不能不成长。

如何让自己快速成长起来呢？

冯仑说:"伟大都是熬出来的。"为什么要用"熬"呢?因为普通人承受不了的委屈你要承受,普通人需要的安慰、鼓励你没有;普通人用消极的指责来发泄情绪,但你必须看到爱和光,在任何事情上学会自我解嘲;普通人需要一副肩膀在脆弱的时候来依靠一下,而你却要成为别人依靠的肩膀。

但是,无论如何,人这一辈子的幸福与苦难,绝对都会在你的承受范围之内。实际上,生活远远要比你还要了解你自己,它所给予你的苦涩,永远让你失望而又不至于绝望;它所给予你的甜蜜,永远让你浅尝辄止而又充满幻想。

人在20多岁的时候,总是相信理想的生活在别处。当你很轻易地放弃一份工作、一段爱情、一个朋友时,都是因为这种想法。可惜的是,你总是要过很久才能明白,这世上其实并不存在传说中的"别处"。你所能拥有的,不过是你已经拥有的这些而已。而你兜兜转转最终得到的,也不过是你在第一个站台错过的。所以,你要好好地工作。工作是一切自由幻觉中最接近现实的一种,它能帮助一个人学会怎样爱自己,然后你才能好好地爱这个世界,爱别人,以及被爱。更重要的是,工作也能让你过上你想要的生活。

或许你此刻一无所有,或许你此刻在羡慕前辈的高薪、上司的豪宅和名车。其实,这些你都无须羡慕,只要努力,所有的一切,岁月都会如数带给你,而你的青葱岁月,却是他们倾其所有也无法拥有的。所以,此刻的你,完全没有必要因为你的穿戴不是名牌,或者存款几乎为零而觉得自卑和不安。因为每一个成功人士都是这样走过来的，再也没有比二十来岁的贫穷更为理直气壮的事情了。

试想，一个不会画画的人，即使总换画笔，他也画不出任何佳作；一个不用心做事的人，即使给他再好的工作，他也不会有任何作为。你自己才是失败的根源所在，你要想改变一切，拥有你想要的生活，首先要改变的就是自己！你要懂得，不是每一次跌倒都会有人在后面搀扶你站起来，通往成功之路并不容易，如果再一味地放任自己，最终只会令我们脆弱得不堪一击。

正是因为有饥饿，所以佳肴才让人觉得那么甜美；正是因为有灾患，所以幸福才会那么令人喜悦；正是因为失败的存在，所以成功才显得那么美丽动人。人生就是因为有这些痛苦的阻碍存在，才激发出我们向上的力量，才让我们变得更加坚强。正所谓"瓜熟蒂落""水到渠成"，人的成长就如同飞蛾一般，必须经历痛苦的挣扎，直到双翅强壮后，才能展翅高飞。

面对生活的那份淡定与从容，需要时间慢慢积累，而坚强乐观的生活态度也不是与生俱来的，它更需要生活的磨炼。因此，不要总是幻想生活的圆满，人生的四季不可能只有春天，不经历寒冷的冬天怎能感受到春天的温暖。每个人的一生都注定要经历千辛万苦，品尝生活的苦涩与无奈。痛苦乃是人生必须经历的一课。在漫长的人生旅途中，苦难并没有我们想象的那般可怕，遇到挫折时也无须黯然忧伤。只要你心中的信念没有枯萎，你的人生就不会因此衰败。

在人生那段异常艰难的时光中,挺过来的人,人生就会因此而豁然开朗、柳暗花明;挺不过来的人,时间也会慢慢教会你该如何与它们握手言和。所以,你不必有任何忧虑。人在年轻的时候是输得起的,摔了跟头站起来,一切都来得及。重要的是,你不能放弃自己,你要踏踏实实地去改变、去努力。那么,终有一天,你能到达自己曾经梦寐以求的高度,做到年轻时魂牵梦绕过千百回的那个自己。而在你收获你想要的生活的那一刻,你会原谅过去生活对你的所有不堪,并对它致以最为诚挚的谢意。

姜翠平　2016年1月

# 目录 CONTENTS

## 第一章
## 谁的青春不迷茫，大家都一样

  青春是人一生中最为美好的时光，也是最为短暂的时光。因为成长，青春会痛；因为不成熟，青春会迷茫。在青春这段时期，你会拥有自己的梦想，你会看到那些成功的光鲜身影，你会遇到追求梦想路上的各种困难和疑惑，你会遇到形形色色的诱惑。但是，这都是很正常的。只要你明白原本就是为奋斗而准备的，相信自己，趁你还年轻，把你该做的事情做好，将追求你梦想的行动坚持下去，你将会走出迷茫，实现自己的梦想。

1. 青春的痛，是你成长的见证 / 002

2. 青春原本就是为奋斗而准备的 / 006

3. 无聊与青春作伴，是患了"绝症"的表现 / 011

4. 没有谁的青春是一路踩着红毯走过的 / 015

5. 偷懒，最后偷走的是你自己的人生 / 019

6. 你做青春的主人，就是对自己的未来负责 / 023

7. 趁我们还年轻，把该做的事做好 / 028

## 第二章
### 拥有梦想的人生不畏惧冬天

梦想能让人过一种光明的生活。它让人永远充满激情,永远年轻。为了梦想,付出任何代价都是值得的,因为那是你内心深处最想做的事情。有梦想的人浑身都是力量,有自己的目标,并向着目标去努力奋斗,为之能战胜一切艰难险阻,让整个世界都为他让路,直至成功。对他们而言,拥有梦想的人生不畏惧冬天,自己选择的路,跪着也要走完。

1. 只要梦想还在,你就永远年轻 / 034

2. 所有的动力,都来自你内心的沸腾 / 038

3. 世界上最不会贬值的投资,就是你所付出的努力 / 043

4. 有自己的人生目标,你就不会迷失方向 / 047

5. 当一个人有了努力的方向,全世界都会给他让路 / 052

6. 风雨兼程,你要为梦想而坚持下去 / 055

7. 自己选择的路,跪着也要走完 / 059

## 第三章
### 面对苦难，柔韧能阐释出真正的坚强

只要今天够努力，幸福明天就会来临。在生命中最痛苦、最危难的时刻，在精神行将崩溃的临界点，我们要为自己编织希望，要通过强大的意志调控心灵，要如流水一般柔软，像磐石一样坚硬，要有足够的信心去战胜一切困难。因为成功的秘诀，就是在绝望中怀揣希望和信念，用点滴的努力去实现自己的理想和目标。

1. 身处灾难时，你不妨把眼光投向雨过天晴的未来 / 064

2. 你要做的，就是与自己的遭遇拉开距离 / 068

3. 与其杞人忧天，不如快乐地过好每一天 / 071

4. 创造幸福和承受苦难是同一种能力 / 075

5. 只有内心足够强大的人，才能在面对困难时屈伸有度 / 079

6. 从水到冰，这是痛苦而美丽的经历 / 083

7. 水滴石穿，你的人生没有"不可能" / 087

**第四章**
## 上天自有公平，你的努力终将成就无法替代的自己

上天是公平的，不要抱怨自己命运不济。别人之所以看起来比你更幸运，那是因为别人比你更努力。你只要想清楚了什么样的生活才是你真正渴望的，是你真正想要拥有的，就应该大胆地去追求，就应该通过努力去打造属于自己的强者之路，就应该狠逼自己一把，全力以赴地做好眼前的事。当你真正地竭尽全力时，上帝自然会出来主持公道；当你静下心来专注于你的事业时，成功就会主动向你靠近了。

1. 没有伞的孩子，只能努力奔跑 / 092

2. 别怕去冒险，坚持下去就会有收获 / 096

3. 你的努力，是可以改变未来的力量 / 101

4. 不逼自己一把，永远不知道自己有多出色 / 105

5. 没有人可以一步登天，要先将小事做得不简单 / 109

6. 你竭尽了全力，上帝自会主持公道 / 113

7. 慢慢来，你距离成功会越来越近 / 117

**第五章**
**接受现实，一切都是最好的安排**

在生活中，我们常被财富蒙蔽双眼，用财富来给自己制造一个幸福的假象，导致我们离真正的美好生活越来越远。你念念不忘，未必就会有回响。我们何不接受现实，放松心情，过往不究，珍惜自己所拥有的，并沿着梦想的道路走下去，在每一次经历中收获和顿悟，随遇而安地享受岁月的馈赠。

1. 生命中的美好都是免费的 / 122

2. 念念不忘，未必会有回响 / 126

3. 正视生活，才能坦然接受岁月的馈赠 / 131

4. 放松心情，快乐地度过每一天 / 134

5. 改变从自己开始，你可以活出自己的精彩 / 138

6. 你所拥有的才是最为珍贵的 / 142

## 第六章
### 人生永远没有太晚的开始，一切都还来得及

你明天过得好不好，取决于你今天怎么过，你今天付出过怎样的努力，才配实现明天的梦想。在看不清未来时，你就把握好现在。只要你敢于直面苦难，不逃避、不放弃，只要你将人生中最重要的难题放在人生体力和精力最好的时期解决，只要你不是等到每一件事情万无一失以后才去做，你就一定能够过上你想要的生活。无论你现在过得如何，只要你心中有梦想，一切都来得及，人生随时都可以重新开始。

1. 你看不清未来，就把握好现在 / 148

2. 生活究竟为什么，你就是答案 / 152

3. 把时间"浪费"在最重要的事情上 / 157

4. 有些事现在不做，以后就再也没有机会做 / 162

5. 挫败并不可怕，可怕的是失去重新开始的勇气 / 166

6. 所有的明天都要从今天开始 / 170

## 第七章
## 沉住气,别在黎明前放弃

今天你所做的每一点看似平凡的努力都是在为你的未来积累能量。人的一生,都难免要经历一些艰难险阻,你不能轻言放弃,要满怀信心,不抛弃、不放弃,耐得住眼前的寂寞,全力迎接未来的成功。因此,不管世事如何变幻,不论身处何时何地,只要你始终能够泰然处之,并坚持尽自己的最大努力做好该做的事情,时刻提醒自己:所有人生路上的曲折、坎坷都不过是为了协助你完成人生这场绚烂表演的铺垫、背景和旁白。

1. 纵有疾风来,也不能轻言放弃 / 176

2. 成功尚未垂青你,只是你不够努力与坚持而已 / 179

3. 面对窘境,更需活得从容淡定 / 183

4. 耐得住寂寞,才能守得住繁华 / 187

5. 你要相信自己,可以一个人度过所有孤独 / 191

6. 沉得住气,世界就是你的 / 196

**第八章**

**在绝望中寻求希望，即使身临绝境也能绝处逢生**

　　奋斗遭遇的最大障碍就是自身境遇的困境。当你感到困惑时，当你身处绝境时，只要你希望不灭，只要你有目标，只要专注于寻找出路并相信自己必能走出困境，只要你不断去向困难挑战，超越自己，只要你大胆去抓住眼前的任何机会，只要你咬紧牙关向前迈出一步，你就能绝处逢生。

1. 人不是生来就要被打败的 / 202

2. 只要心中充满希望，身处绝境也能找到出路 / 205

3. 精彩的人生，在于不停地突破自我 / 209

4. 只有大胆出击，才能抓住人生的机遇 / 213

5. 等待，属于你的机会终究会到来 / 217

6. 只要心存希望，人生随时可以重新开始 / 221

**第九章**

**即使人迹罕至，你也要坚持走自己的路**

人生只有一次，只有做自己真正爱好的事情才会活得有意义，只要坚持做自己真正爱好的事情才能深入"人迹罕至"的境地，成就一番令人惊艳的事业。因此，无论你遇到什么困难，你都要坚持，要有自制力，给自己一个鼓励的微笑，直面人生的挫折和打击，不为他人的议论所左右，全力以赴去创造出自己人生的辉煌。

1. 成功，就在于你比别人坚持得久一点 / 226

2. 做好现在你能做的，一切都会慢慢好起来的 / 230

3. 人生只有一次，要做就做自己喜欢的事情 / 235

4. 有自制力的人才有未来 / 239

5. 尽管走自己的路，你不是因别人而存在的 / 243

## 第十章
## 你生命中所受的伤，只为不断成就更好的自己

那些表面看似风光无限的成功者，在其背后都有着鲜为人知的辛酸与苦楚。人生的棋局，只有到了死亡才会结束，只要生命还存在，就有挽回棋局的可能。正是因为日子难过，所以更要认真地过，要经得起岁月的考验。失败对你而言不是灭顶之灾，只要以积极的态度去对待它，失败也可能是通往成功的助力。因为，生命需要适当的阻碍才能成长，如果我们接受事实、坚定信仰，希望和幸福就会在下一个路口等着我们。

1. 人生比你想象中的好过 / 248

2. 促使你更强大的，正是你强大的对手 / 252

3. 真正的强者敢于接受失败的结果 / 256

4. 谁都不会轻而易举地成长 / 259

5. 所有的经历都有独特意义 / 263

6. 每天都努力去争取，你就会觉得幸福 / 267

# 第一章
## 谁的青春不迷茫，大家都一样

青春是人一生中最为美好的时光，也是最为短暂的时光。因为成长，青春会痛；因为不成熟，青春会迷茫。在青春这段时期，你会拥有自己的梦想，你会看到那些成功的光鲜身影，你会遇到追求梦想路上的各种困难和疑惑，你会遇到形形色色的诱惑。但是，这都是很正常的。只要你明白原本就是为奋斗而准备的，相信自己，趁你还年轻，把你该做的事情做好，将追求你梦想的行动坚持下去，你将会走出迷茫，实现自己的梦想。

# 1. 青春的痛，是你成长的见证

在这无人陪伴的深海中，你要想穿越这无边的黑暗与痛苦，你就要像破茧成蝶的蛹，你只能靠自己的力量。你必须在孤独中学会等待，等待破茧而出，在等待中规划自己的未来，丰满自己的羽翼，坚定自己的毅力，强健自己的力量。

在我们每个人的生命历程中，都会有一段不被人理解、不受人关注的痛苦时光。在那些日子里，我们总是会觉得成功遥遥无期，总是会忍不住开始怀疑自己，否定自己。这段痛苦的时光，就叫"青春"。但是，终有一天，我们会懂得，那段时光是人生中必须经历的日子。在那些默默无声的苦痛的日子里，我们始终不停地积累和沉淀着，为日后的破茧成蝶积攒足够的能量。

有一个男孩，他阳光帅气，才华出众。他是同学眼中"男神"级别的人物，是老师重点培养的对象之一，是父母的一切希望所在。在男孩的心中，一直有一个梦想，那就是考入北大的中文系，因为男孩想成为一名作家。在高三那年，男孩就像一支搭在满弦上的箭，踌躇满志，等待着一触即发的蜕变。然而，天不遂人愿，在高考前，男孩却因病未能参加考试。这个消息犹如晴天霹雳，将男孩的梦想打击得支离破碎。

男孩养好病后，父母东拼西凑为他凑够了学费让他去复读，而当时村里人则开始议论是男孩家没有读书的风水。

经过了一年的努力拼搏，男孩疲惫地结束了他人生中的第二次高考，没料到命运之神又不经意地跟他开了个玩笑。仅仅是两分之差，他只能眼睁睁地看着自己再一次被拒绝在北大的门外，而被一所普通本科学校录取。当男孩看着他的同学一个接一个欢天喜地地即将踏上自己的理想征途时，他面对的却是自己根本就不想去的征途。同时，他也成了村里人茶余饭后的笑料。

那段日子，是男孩一生中内心最受煎熬的一段时光，他每天都一声不吭地扛着锄头跟父亲下地。顶着毒辣辣的烈日，更顶着左邻右舍火辣辣的评头论足，一个星期下来，他白皙的皮肤便被晒黑了，他也变得更加憔悴、更加沉默了。就连家里的气氛也沉闷得让人窒息，一向爱说爱笑的父母都默不作声，似乎在思考着什么。

临近开学季，男孩终于鼓起勇气再次对他的父亲说："爸，我还想再复读一次，我不甘心上一个我并不喜欢的学校，读一个我并不喜欢的专业！"尽管男孩深知这两年给家里造成了很大的经济负担，但是他还是要坚持复读，因为他深知，对于一个农村的孩子来说，改变命运的唯一机会就是考上一所好大学。只有考上一所好大学，他才有可能找到一份好工作，这样才有机会回报父母。他的父亲点了点头，说："好，既然你还想复读，我支持你，我就是砸锅卖铁也要供你上学！"听了父亲的这番话后，男孩的眼中流的是泪，心里却在流血。

金秋十月，本是收获的季节，男孩却怀着苦涩的梦想，在村里人的冷嘲热讽中开始了第三次冲击北大的征程。男孩全力以赴，又拼命地拼搏了一年，终于如愿以偿地拿到了北京大学的录取通知书。

如今，男孩在北京的一家知名的公司上班，待遇优厚。他也终于可以回报他的父母了，他每个月都要给家里寄去一大笔生活费，就是不想让他的父母再受累。

当他再次回忆起求学的那几年的时光时，他倍感骄傲与欣慰。尽管那几年他很孤独、迷茫，在人前几乎都不敢抬头，每逢假日，他甚至要挑几乎没有人走的小路绕路回家，但是，就是这样的一段痛苦时光，成就了他现在的辉煌。

相信每个人的青春都会有一段黯淡痛苦的时光，在那段时光里，我们看不到任何光源，得不到任何肯定，悲伤无人分享，只能自己一个人默默前行。对于一些人而言，这如同无底的深渊一般，一旦跌入便是万劫不复；但对于另一些人而言，这只是深海，虽然同样寂寞，但是依然可以看到美丽的风景，就这样默默地坚守着永不消失的生命力，终有一天会绽放属于自己的光彩。

在实际生活中，人们往往习惯给自己设限。一次失败便一蹶不振，一遇障碍便停滞不前。为什么会这么容易被影响呢？因为软弱，便守在自己的壳里寻找安全感，不敢打破自设的围墙。可是，你要知道，如若没有黑暗，你如何能看得到你发出的光芒？不曾经历痛苦，你又如何看清自己的心之归属？这个世界的噪声太多，人活在其中，便少不了受到道德规范、社会压力、世俗经验和他人看法的干扰。大雾弥漫，你如果按照早已设置好的路标前行，那么，你就有可能错过你内心所向往的美好生活。

在这无人陪伴的深海中，你要想穿越这无边的黑暗与痛苦，你就要像破茧成蝶的蛹，你只能靠自己的力量。你必须在孤独中学会等待，等待破茧而出，在等待中规划自己的未来，丰满自己的羽翼，坚定自己的毅力，强健自己的力量。

这便是青春的样子，因为充斥着痛，所以让我们获得历练与成长的力量！

## 2. 青春原本就是为奋斗而准备的

不要在最该奋斗的年纪选择安逸,没有人的青春是在红地毯上走过的,既然梦想成为那个别人无法企及的人,就应该选择一条属于自己的道路,为了到达终点,付出别人无法企及的努力。

青春是一个人一生中最为美好的时光,也是最为短暂的时光,有时候,在我们还来不及去思考时,它就已经结束了。那么,这仅有的青春我们该以何种方式度过呢?

有的人选择了享受,于是,荒废了学业,耽误了工作,痛失了所爱;而有的人选择了奋斗,用辛勤的汗水换来了自己想要的一切。

女孩大学毕业后,不顾家人、朋友的反对,放弃了父母为其安排的稳定的工作,只身一人去深圳闯荡。女孩面试了很多公司,由于没有工作经验,都没有面试成功,最后,终于有一家公司愿意接纳她。进入这家公司后,女孩十分卖力地工作,她每天晚上都加班到凌晨。其实,在公司,没有人强制要求她加班,每天工作8小时，下班之后完全可以回家。可是，女孩感觉自己初来乍到，需要学习的东西太多，每完成一项工作，她都感觉自己又进步了一点点。

女孩就是这样每天辛苦努力地工作，每天加班到凌晨，坚持了两年多，她的业务进步神速，并且深得领导的赏识。3年后，女孩做到了部门经理。这时，女孩强迫自己不再加班，准时回家吃饭休息。

但是，为了今后有更好的发展，女孩在下班回家后，又开始了多方面的学习：为了应付业务上的交际，女孩开始学习外语；为了在工作中更加精益求精，她开始学习有关行业的专业知识；为了提升自身的管理能力，女孩开始学习管理知识。

经过了2年的努力，女孩被一家知名的外企高薪聘请过去做业务经理，女孩也凭借她出色的工作能力很快赢得了领导的赏识和下属的尊重。尽管女孩在深圳已经有了一席之地，可是，女孩的父母还是催促女孩能够回老家这边安家立业，这时，女孩却对她的父母说："我想趁我现在还年轻，全力以赴地去为我的梦想而奋斗，无论将来成功与否，我都可以无怨无悔地面对自己！"

女孩的父母了解了她的心意，从此也不再强迫她回老家了，而女孩就这样一直在自己的追梦道路上奋斗着，进取着……

有多少年轻人像女孩这样，在异地工作，忍受着孤独寂寞，下雨了没人送伞，开心的事没人可以分享，难过了没人可以倾诉，但是，他们为了心中的梦想，就这样努力地走过人生的每一个季节，其中的冷暖，只有他们自己知晓。每一个年轻人都该如女孩这般去奋斗，因为青春本就是为奋斗而准备的，而不是用来享受的。

当下，很多年轻人虽然适逢青春年少，却在最能学习的时候选择谈恋爱，在最能奋斗的年纪选择安逸，从而辜负了大好的年华。他们错过了人生最为难得的奋斗经历，他们的人生也注定暗无天日。网上曾经疯传这样一句流行语："当你不去旅行，不去冒险，不去拼一份奖学金，不过没试过的生活，整天挂着QQ，刷着微博，逛着淘宝，玩着网游。干着我80岁都能做的事，你要青春干嘛？"不知这句流行语可否唤醒你心底那一丝早已沉寂的奋斗之心？

什么算是奋斗？当你抱怨自己奋斗辛苦的时候，请看看那些透支着体力却依旧食不果腹的劳动者。在办公室里整理资料能算奋斗？在有空调的写字楼里敲敲键盘算是奋斗？随意翻翻书，看看报，算奋斗？如果你为人生画出了一条粗浅的奋斗底线，你就不要妄图跨越深邃的幸福极限。

当你看了《杜拉拉升职记》，你会感叹外企真好，可以出入高档写字楼，说着让人听不懂的英语，拿着让人眼红的薪水；当你看了《亲密敌人》，你会觉得投行男好帅，开着凯迪拉克，漫步澳大利亚的海滩，随手就签着几百万的合同；当你看到一条精妙的广告赞不绝口，你觉得做营销好潮，可以把握市场脉搏，纵情挥洒自己的创意；当你看到一位快消人员满世界出差，在各种地方住五星级酒店，你觉得做快消好风光……

于是，你疯狂地爱上了那种扬扬得意的状态，却不曾想到你日思夜想称之为梦想的状态，其实并没有你看到的那样简单。在你望尘莫及的荣耀的背后，暗藏着成功者数不尽的汗水与泪水：他曾每天只睡三个小时，从 N 年前的数据查到昨天，一点点地做着细致无比的分析；他曾为了一套更合理、更系统的管理方法，而不断地和各个领导去磨合，去询问，去思考；他曾为了签下一个大订单，自己一个人在他乡，看着别人世界中的团圆，装饰着自己的相思梦；他曾为了一个上市项目，在三天之内自学几十万字的材料，让自己在三天之内从一个门外汉变成一个行家……他也曾许多次摔倒在泥土里，甚至让别人从自己的身体上踩过去。

所以，不要在最该奋斗的年纪选择安逸，没有人的青春是在红地毯上走过的，既然梦想成为那个别人无法企及的人，就应该选择一条属于自己的道路，为了到达终点，付出别人无法企及的努力。

如果老天善待你，给了你优越的生活，你也不要收敛了自己的斗志；如果老天对你百般设障，你更不要磨灭了对自己的信心和向前奋斗的勇气。当你想要放弃的时候，一定要想想那些睡得比你晚、起得比你早、跑得比你卖力、天赋还比你高的人，他们早已在晨光中跑向那个你永远只能眺望的远方。

或许，在你经历过风吹雨打之后会伤痕累累，但是，你应该庆幸自己在苦了心志，劳了筋骨，饿了体肤之后，你依然站立在前进的路上，做着坚韧上进的自己。其实你现在在哪里并不重要，只要你有一颗积极向上的奋斗之心，你终究会到达你想去的地方。

  不同的人生在于有多么不同的经历，只是我们躺在床上睡懒觉的时候，有的人已经早起几个小时开始了一天的忙碌，日积月累的几个小时就注定了不同的人生轨迹。这就是人生，耐得住寂寞才能守得住繁华，该奋斗的年龄就不要选择安逸，当你度过了一段让自己都为之感动的日子，那么，你就会遇见那个最好的自己。踏实一些，坚持一点，你所有想要的岁月统统都会归还给你。加油吧，为了更美好的明天，更灿烂的你，更温馨的日子！

## 3. 无聊与青春作伴，是患了"绝症"的表现

任何时候，你都不要怕"折腾"，要打起精神来！这是你的生活，它理应丰富多彩。只要你遵从你的内心，而不是在原地坐着、躺着、埋怨着，那么，终有一天，你也能找到自己的真实的渴望并实现它。

如今，微博、微信大受年轻人欢迎，他们每天都要将自己的生活琐事、喜怒哀乐统统都上传到网上，或是为了炫耀，或是为了发泄，归根结底，还是想引起他人的关注。其实，在微博、微信盛行的背后，隐藏着一个发人深省的社会病，那就是无聊。因为无聊，所以有时间泡在网上；因为无聊，所以想引人关注。

无聊，是年轻人的"绝症"。如果你顺从它，生活终将无所事事，人生终将乏善可陈。所以，你要想方设法去改变，不能被无聊控制。

似乎只有在小时候，我们才从来不会感到无聊。因为那时，我们有一颗善于活动的心，充满各种好奇与渴望，还有那永远不愿意

停止下来的肢体。所以，我们要想摆脱无聊，就要让自己保留一颗"活"心，对生活永远充满好奇和渴望，而不是整日闲坐，羡慕别人的精彩。

任何时候，你都不要怕折腾，要打起精神来！这是你的生活，它理应丰富多彩。只要你遵从你的内心，而不是在原地坐着、躺着、埋怨着，那么，终有一天，你也能找到自己的真实的渴望并实现它。

在一个偏僻的小镇，有一个男孩，他学习一直很勤奋，但是，在高考时，命运却对他开了一个玩笑——他落榜了！他所有的努力顷刻间都化为泡影。由于他的父母是铁路职工，便想方设法托人给他安排成为一个铁路工人，尽管他心有不甘，但是年少的他还是接受了父母的安排。

一天夜里，男孩在看守铁道的小棚屋里听着收音机，收音机中传来的那些温暖人心的声音是那么的美妙，让他一下子回到了学生时代。他回想起自己当年在校园做播音主持的日子，他感觉很快乐，同学们也都很喜欢他的声音。而现在，他每天的职责就是从这间小屋到废弃的车厢，再从废弃的车厢走回小屋，偶尔坐在办公室里听一群中年大叔阿姨说着一些了无生趣的段子，或是端着茶杯，看着报纸，打开电脑玩着早已经被淘汰的纸牌和扫雷游戏。

一瞬间，男孩醒悟了，这并非自己想要的生活，他要大胆地去追求自己想要的生活。接下来，便是和父母的争吵。父母觉得自己托了关系送了钱，才把他拉进了被很多人羡慕的铁路系统，这是很多人求之不得的生活，而他却说他的梦想不在这里。在不断地争吵与妥协中，他们终于达成协议——男孩可以去实现自己的梦想，但是，如果过得不好一定还要回到这里继续做铁路工人。

于是，男孩来到一座繁华的都市。他在那里开始打拼，他兼职着很多份工作，晚上还报了夜校，他学的是播音主持专业。虽然很艰辛，但是怀着对未来的渴望，他一直在努力坚持着。突然有一天，他在报纸上看到他所在城市的都市电台正在招客座主播，男孩忽然觉得自己的人生瞬间变得柳暗花明起来。男孩抓住了这个难得的时机，顺利地进入了电台。虽然只是客座的主播，他也感觉自己很荣幸。他拼命地努力工作，后来顺理成章地成为电台的主播，再后来，他顺利地去了央广。

中央人民广播电台，之于一个几年前还是偏僻小镇里看守铁路的年轻工人来说，那是多么绚丽的舞台，也是多少年轻人做梦都不敢想的事情。可是，这个偏僻小镇走出来的男孩却做到了，只因为他有一颗不屈服于现实，敢于挑战命运，改变现实的勇敢而坚强的心。

在青春岁月，总是有太多漆黑的夜晚，让人感到漫长而孤单，也总是有太多的年轻人在这漆黑的夜晚被生活现实彻底打倒，自此浑浑噩噩地了却余生。他们之所以会屈服于现实生活，就是因为他们缺乏勇气。他们害怕自己不行，害怕做不成，所以不敢去尝试。

但是，尝试冒险，其实是一段奇妙的旅程，过于否定自己的人，一定是无聊的。因为他不敢开始，一直倦怠。在去做之前，他总是先想到失败，和失败所带来的痛苦。但是，就算痛苦又怎样？经历过的人都知道，比起什么都不敢做，失败的感觉，真的没那么严重！世界上最痛苦的感觉莫过于"如果当初我……"。所以，不要害怕，不要暗示自己不行，每一件你想做的事情都值得你去做，因为你只有这一次人生。

一个拥有梦想的人，只要遵循着自己的内心，永远没有歧途。即便是走错了，依然还可以回头重来！

## 4. 没有谁的青春是一路踩着红毯走过的

青春是一场残酷的历练,你现在的生活如何,都不重要,只要你有一颗永远向上的心,只要你肯持之以恒地为你的梦想而努力,那么,终有一天,你能获得你想要的人生。

一个年轻人大学毕业一年了,在这一年期间,他换了四份工作,而且中间还休息了两个月,最近又离职了。

年轻人为此很苦恼,于是,他便向一位成功人士求教。

他对成功者讲述了自己的遭遇之后,成功者很惊讶于他换工作的频繁。而他却气愤地说:"我之所以如此频繁地换工作,就是因为我的命不好,总是遇不到适合自己的工作,遇不到一个赏识自己的伯乐!我离职的原因不是因为老板苛刻,就是老板有眼无珠,对我的创意不欣赏,或者同事之间钩心斗角,工作环境不好。"

成功者问:"那你究竟想要什么样的工作呢?"

他想了想:"至少是一份安稳的工作,薪资不能太低,工作不能太累,老板不能太苛刻,同事也比较随和,每天可以出入高档写字楼，可以经常旅游……"

成功者听后摇了摇头说："不去浮躁，何以安稳？"

年轻人沉默片刻后，羞愧地低下了头……

在如今这个浮躁的社会，和这个年轻人有着同样想法的年轻人并不在少数。他们刚踏入社会就急于找到一份安稳无忧的工作，殊不知，这看似并不高的要求，也不是不需要任何付出和努力就能轻而易举地获得的。当然，在现实生活中，确实不乏刚毕业就能找到高薪职位，或是创立了自己的公司，并日进斗金，把事业做得风生水起的幸运之人。于是，我们只能眼睁睁地瞭望着别人清晰夺目的未来，而对自己黯淡无光的未来却束手无策。

那些传奇人物们的神话，就像是黏在我们座椅靠背上的图钉，时刻刺痛我们稍微放松一下的神经，我们突然觉得，自己是那么平凡无奇，自己的青春是如此不堪一击。我们没有显赫的家世，没有出众的长相，没有优雅的气质，没有拔尖的成绩，这样的我们，又该如何在社会中站稳脚跟呢？

其实，你根本无须为此垂头丧气，更不必气馁。你要知道，没有谁的青春是一路踩着红毯微笑走过的，在你所看到的那些成功的光鲜身影的背后，更多的是你不曾看到的努力与艰辛。

当美剧《越狱》播出之后，男主角迈克尔的扮演者温特沃斯·米勒成为风靡全球的新生代偶像。"想不到有人穿囚服还能这么帅。"这是粉丝对他最常有的赞叹，美国网友更是称其为"米帅"，对其追捧有加。米勒如此风光的背后,却历经了艰苦的十年的跑龙套生涯。

温特沃斯·米勒从小到大成绩优异,是普林斯顿大学的高才生。在大学时期,他突然对表演产生了浓厚的兴趣,并从此树立了自己的人生目标——做一名成功的演员。大学毕业那年,他不顾父母和朋友的反对,一个人从纽约来到了洛杉矶,开始了自己的梦想之旅。

在好莱坞,明星实在太多,机会实在太少,温特沃斯·米勒一开始只能到电影公司做幕后工作。第一年,他整天都忙着整理资料和调整灯光,穿梭于各个办公室之间做杂务,有时还要帮老板喂鱼、叫外卖,或者帮演员遛狗。在此期间,他穷困潦倒,最困难的时候连房租都交不起,他甚至在会议室里搭起了帐篷,靠公司的食品柜填饱肚子。即使这样,他仍然寻找各种机会来推销自己,参加各种各样的面试,参加演员培训班给自己充电。他屡屡受挫,但也得到了在《啜血鬼猎人巴菲》《恐龙帝国》等剧集中表演的机会,还出演了电影《人性的污点》,与影帝安东尼·霍普金斯联袂表演,在剧中有不俗的表现。尽管他得到了很多肯定,但他的演艺之路仍然没有多大起色,他甚至又失业了,不得不做剧院的杂工。就这样,他度过十年缓慢、平淡而又努力的日子。

直到有一天,温特沃斯·米勒接到了一个剧组的邀请,让他去试镜。试镜的那天,他的表演自然流畅,试镜出奇地顺利,很快就拿下了这部电视剧男主角的角色。而这部电视剧就是红极一时的《越狱》。

温特沃斯·米勒成名后，有人问他："你喜欢用'一夜成名'来形容自己吗？"米勒回答："我这'一夜'可能长了点——10年，12份工作，488次试镜，无数个'你不行'。"

你看，成功人士在成功之前，都是经历过常人难以忍受的困境，一步一步地从那段沉默的孤独时光中走过来的。可见，不是每个人的成功，都是一剂良药，冲水即食；不是每个人的成功，都是一条咒语，默念即灵。我们大可不必在青春的舞台上自艾自怜，更不必围观、临摹别人的精彩。

青春是一场残酷的历练，你现在的生活如何，都不重要，只要你有一颗永远向上的心，只要你肯持之以恒地为你的梦想而努力，那么，终有一天，你能获得你想要的人生！

## 5. 偷懒，最后偷走的是你自己的人生

关于地位这种事情，你不能指望任何人，从来都是自己给自己的，你每天的努力，都是在为自己明天的生活埋下伏笔。

中国有一句俗语，叫"躲得了一时，躲不了一世"。面对苦难，你可能稍微耍一点儿小聪明，就能侥幸蒙混过关。可是，如果你一辈子都抱着这种偷懒的态度混日子，那么，最后偷走的就是你自己的人生。

已过而立之年的李铭，因公司裁员而不幸被裁。面对上有老、下有小的家境，他便开始拼命努力找工作。他不断地在网上投简历，不断地翻报纸，去人才市场找机会，之后，又挨个面试，但很少有成功的，因为他总是被问到一些自己不会的工作内容。他向朋友诉苦，朋友问他："这你应该做过吧，不是你们这个行业很普通的工作内容吗？"他却给出了让人意想不到的回答，"这当年是别人做的，我都没碰过"或者"这工作内容我一直不喜欢，所以老板一般让我做，我也不做，谁知道今天要用啊"……

还有一位三十五六岁的女士，也面临同样的困惑：自己马上就要奔四，而孩子年纪尚小，需要用钱的地方多得是；父母的身体又一天不如一天，到了需要人照顾的时候；职场里身强力壮、有干劲儿、工资低的年轻人，潮水般地涌上来。这一切，不禁给她带来了很大的压力。

更要命的是，她在公司里能力一般，跟很多年轻人是属于同一级别的，虽然家里不缺钱，但在一群小孩中间混着，心里难免会有些不舒服，有时候别人还要给她脸色看。可是，她又不敢辞职回家当全职太太，担心一点经济独立能力都没有，将来迟早会出问题。

直到现在，她才懊悔万分。她结婚以后，就想着老公赚的钱还挺多，自己无须那么努力，差不多就可以了，于是，在职场上就什么都不争不抢，能推给别人的，自己绝对不干，按点上下班，没事逛街、美容、做保养。因为自己心存侥幸，想偷点小懒的这种心理，造成了自己现在的局面。而如今，就是自己再后悔，也无力扭转乾坤。

混日子一天两天可以，可三五年之后，差距就会显而易见。嫁个有点小钱的老公，婚后找份清闲的工作，是多少女孩梦寐以求的生活，可这位"前辈"的现实赤裸裸地告诉我们，生活不会自动为你铺路，你如果一直在偷懒，最后偷走的只是你自己的人生。

在实际生活中，有很多有为的小青年，早早地开始实习，早早地进入知名大公司，步入工作正轨。他们看着身边好多比自己大五六岁的前辈，也不过是一个比自己高一级的职位，生活上也比自己宽裕不了太多，于是，便骄傲地觉得自己的未来足够敞亮，想着这样小年纪，努把力，等自己到了身边前辈的那个年龄，工作和生活一定会比他们要超前很多。

可是，四五年过后，真到了二十五六岁时，却发现自己的人生并没有达到曾预想的高度，仅仅是比曾经这个年纪的前辈好一点点而已。

回想起来，终究因为之前总觉得自己起步早，便扬扬得意于年龄优势，总觉得自己有的是时间，打打闹闹，也不争分夺秒，结果蹉跎了岁月，用尽了青春。

等到了幡然醒悟的年龄时，虽一点都不敢懈怠，但身体已无法像刚毕业时那样熬夜加班还热血沸腾，生活里也无缘无故地增加了很多其他内容，让你无法再全身心地专一地去做一件事。

对于初入职场或即将步入职场的年轻人而言，一定要牢牢抓住工作的前三年，什么都要去做，努力做，拼命做，有多余的精力，不要太过沉迷于自由，不要尽情地泡酒吧、夜店。纵然前三年是最辛苦的，薪水最低，看起来付出和回报差距过大，却是人人都愿意毫无保留地教你的三年，更是奠定你未来职场生涯基础的三年。

别说什么工作是为生活服务的，工作不是生活的全部之类的话，因为在前三年你还没资格说这话。环顾你自己和周围朋友职场的磕磕绊绊，追根溯源，都与职场前三年的基础有关。那些曾经躲过的辛苦，逃过的困难，自以为幸运没有分配到自己头上的费时费力的事，总有那么一天，会成为你职场生涯的软肋，让你懊恼当初为什么不多长个眼睛看一看。

我们总是取笑日本女人婚后不工作，只伺候老公，在家庭中没有任何地位，如果说这是日本女人的悲哀，那我们为什么还会一边取笑别人没地位，一边又期盼过这种看似轻松，其实极具隐患的日子呢？其实，关于地位这种事情，你不能指望任何人，从来都是自己给自己的，你每天的努力，都是在为自己明天的生活埋下伏笔。

## 6. 你做青春的主人，就是对自己的未来负责

在我们年轻的时候，我们会面临很多次选择，但是，如果你缺乏主见，将每一次的选择机会拱手让人，那么，你最终收获的将不是你最初想要的人生。人的生命只有一次，你的人生绝不会给你重新来过的机会，所以，不如趁你还年轻，趁你还能掌控命运的时候，为自己的人生做主，对自己的人生负起责任来！

有一天，一个少年走进一家鞋店，想要为自己定做人生的第一双皮鞋。

老鞋匠问他："你这双鞋子，是想要方头还是圆头呢？"少年觉得这两种都不错，不知道应该选择哪一种。于是，鞋匠让他回家好好考虑一下，考虑好了再过来。

过了几天，少年又走进这家鞋店。可是，当老鞋匠问起鞋子是做方头还是圆头时，他依然犹豫不决。最后，他对老鞋匠说："你给人做了这么多年鞋子，一定很有经验，不如你就给我拿主意吧。"老鞋匠看他实在不能作决定，就答应说："知道了，过几天你来取

鞋子吧。"

当少年去取鞋子时,他发现,老鞋匠给他做的鞋,一只是方头的,一只是圆头的。他非常惊讶:"你怎么为我做了这样的一双鞋子呢?"老鞋匠平静地看着他说:"既然你让我来决定,当然是我想要做成怎样就怎样做了,不是吗?我只是想告诉你,别总让别人替你作决定。"

少年收下了这双不能穿的鞋子,也收下了一条重要的人生守则:自己的事要自己拿主意。如果自己没有主见,把决定权拱手让给别人。那么,一旦别人为你作了决定,倘若结局很糟糕,你就是后悔也来不及了;就算是个很好的结局,可能也未必是你想要的。

不仅仅是定做一双鞋子要自己作决定,只要关乎自己人生的事情,都要自己来作决定,尤其是在你年轻的时候,你所作的每一个决定必须自己做主,因为这些决定关乎你未来的成长。

成长,不仅是一种经历,更是在经历中学习、进步,变得更加成熟、理性、宽容的过程。一个人的成长是与一个人主观意识的选择有关的。有些人是主动选择的,有些人则是被动接受的。主动选择的人会在风浪到来之前做好准备站稳脚跟,被动接受的人则只能在痛苦煎熬中不得不学习经验教训。这种主观意识选择的差别,也就造就了不同的人生——有些人成功,有些人平庸。

无论遇到任何事情,都要坚持自己的主见,不要把自己的命运交给别人把控。因为对于任何人而言，未来的事情同样是未知的，这一点，别人和你没有任何差别。既然你都有勇气接受别人对未知的判断，为什么就没有勇气接受自己的判断呢？把自己的未来交给别人，是不是对自己的不负责呢？所以，不妨试着为自己作决定吧，即便失败了，也不要怕，因为这对你而言，未必不是一种收获。

例如，有的家长为了培养孩子的主见，会在孩子懂事的时候，让孩子自主选择菜谱。他们不会强制为孩子制定一些所谓的"营养菜谱"，而是先向孩子介绍各种食物的营养价值，以及我们的身体对各种营养成分的需要。至于他们想要吃什么，则由他们自己去作决定。家长这样做并不代表他们不够心疼孩子，而是相对而言，他们认为培养孩子的主见更重要。虽然这时孩子的主见不一定是恰当的。比如，有的孩子没有吃饱饭就想离开餐桌去玩，但是，他们会为此付出挨饿的代价。犯错误是成长中不可或缺的学习过程，最重要的是，家长要向孩子传达出这样的信息：你自己有能力决定自己吃什么，决定自己怎么做，至于结果如何，那是你自己的选择所致。

在你的成长过程中，你的父母、老师和身边的朋友也一定向你传达出各种信息，但不管怎样，你的人生终究还是掌握在你自己的手中的，没有人能一直替你作决定。而你的主见，是保证你不被他人左右、保证自己掌控命运的根基。不管你所信任的那个人有多强大，有多聪明，你也不可以轻易怀疑自己。

1908年，当欧内斯特·卢瑟福获得诺贝尔化学奖时，曾经断言"由分裂原子而产生能量，是一种无意义的事情。任何企图从原子蜕变中获取能源的人，都是在空谈妄想"。结果，很快，能用于发电的原子能便问世了。历史一再向我们证明，"迷信别人"是不可取的，与其这样，何不"迷信"自己呢？倘若你不够自信，那么，你就很容易在怀疑的声音中迷失自我。

对于多数人而言，很多时候，很多事情，都能够做到坚持自己的意见。但是，问题的关键在于，当你作出了某个决定时，如果身边的人都不肯支持你，甚至否定、质疑你，这时候，你还会有勇气和决心继续坚持自己的决定吗？

加利福尼亚大学洛杉矶分校经济学家伊渥·韦奇发现了这一现象，他告诉我们：即便你已经有了自己的判断，有了主见，但假如你身边有10个朋友的看法与你不同，你就很快会动摇，很难再坚持己见。他的这一发现也因此被称为"韦奇定律"。虽然每一个人都不愿意自己受到这一定律的左右，但遗憾的是，很多人都这样做了。究其原因，也许就是因为我们不够相信自己，也许是我们害怕承担责任，也许是因为我们都害怕被孤立。但不论是哪种原因，当你放弃了主见的同时，你也就放弃了自己的人生。

在我们年轻的时候，我们会面临很多次选择，但是，如果你缺乏主见，将每一次的选择机会拱手让人，那么，你最终收获的将不是你最初想要的人生。人的生命只有一次，你的人生绝不会给你重新来过的机会，所以，不如趁你还年轻，趁你还能掌控命运的时候，为自己的人生做主，对自己的人生负起责任来！

## 7. 趁我们还年轻，把该做的事做好

在我们的内心深处，都曾有那么一刻，想拼尽全力地回到过去，将那些本该做却没做的事情做好，将那些无比重要却被自己遗失的东西找回，将那个狂妄无知的自己骂醒，给那个绝望悲伤的自己以鼓励。

在"天涯论坛"上有个超级强帖，叫"我要回到1997年了，真是舍不得你们"，楼主自称要穿越时空回到过去，于是特意来发个帖子和大家告别，顺便问一问大家有没有什么需要托他去做的事。

最开始，大家都是抱着戏谑的心情去回帖，拜托楼主的也大多是些诸如剧透彩票号码之类，但是渐渐地，留言开始朝着意想不到的方向发展。很多人希望楼主告诉曾经的自己，一定要在某个时刻陪在亲人身边，因为那将是他们最后相处的时光；很多人拜托楼主告诉过去那个贪玩的自己，要好好读书，好好工作，不要将时间浪费在无谓的事情上；很多人恳请楼主告诉自己曾经暗恋的姑娘"我

很爱很爱你，我们在一起吧"；还有很多人请求楼主找到那个曾经深陷痛苦不能自拔的自己，温柔地说一句"别泄气，一切挫折都会过去"。

这个帖子从发出第一帖，至今已经过去了7年，却几乎每天都有人在上面留言，如今已有4044471人访问，46481人回帖。很多人在围观的过程中从嬉笑到沉默，从沉默到思考，最后全都忍不住湿润了眼眶。

或许，在我们的内心深处，都曾有那么一刻，想拼尽全力地回到过去，将那些本该做却没做的事情做好，将那些无比重要却被自己遗失的东西找回，将那个狂妄无知的自己骂醒，给那个绝望悲伤的自己以鼓励。而这个帖子，恰好迎合了人们在内心深处渴望弥补遗憾与悔恨的心理，人们借由这个帖子去找寻那个曾经迷失的自己。

然而，生活终归要回到现实中来，穿越时空，回到过去，那只能是一个梦。所以，趁你还年轻，把你该做的事情做好。你要知道，有些事，年轻时不做，可能会后悔一辈子。

新东方创始人俞敏洪在劝告年轻人时说："人生最值得珍惜的就是青春时光，尤其是当我们还身在校园时，一定要做好这三件事：第一，要不断充实自己；第二，在大学要尽可能地多交朋友，因为你终生的朋友、合作者一般都来自于你的大学；第三，如果有可能的话，在大学校园里谈一场比较专注的恋爱。"俞敏洪的劝慰确实在理，人在年轻的时候无非就是通过自己的努力为将来的事业打基础。至于爱情，当然不能错过。每一个过来人都知道，人这辈子能遇到一个对的人真的很难，或许在我们年轻的时候，我们会觉得时间不对，可是，等你拼死拼活等到了对的时间，却再也遇不到那个对的人了。

为了让我们在将来回忆起自己的青春时，能够少一些遗憾与悔恨，我们在年轻时该做好这三件事情。

第一，熟练地掌握一门专业知识，同时要多读书。

其实，对于年轻人而言，研究什么不重要，重要的是你要真的喜欢，然后就会有人用你。反过来，如果你觉得这个专业你不是很喜欢，但很适合找工作，这要不要学呢？当然也要学。因为专业有的时候是一个人生存的工具，它能够帮助你前进并登上山顶。你在登山的时候，会在乎你是否喜欢登山杖吗？不会，你只会在乎它能否帮你登上山顶。而你所学的专业就是你的登山杖，尽管你不是特别喜欢它，但你要知道，你要想攀上更高的人生山峰就需要这个登山杖。

有一个人学的是越南语，在实际生活中，越南语的确很少用，但是，领导去越南访问时都要带着他，因为，他是一流的越南语同声翻译专家。

除了所学专业外，我们要在大学里多读书。正所谓"底蕴的厚度决定事业的高度"。底蕴的厚度主要来自于两方面：第一，多读书，读了大量的书，你的知识结构自然就会完整，就会产生智慧；第二，丰富人生经历。把人生经历的智慧和读书的智慧结合起来就会变成真正的大智慧，就会变成你未来创造事业的无穷无尽的源泉和工具。可能有人会存在这样的疑问，读书读得太多，就可能会忘记，这和不读有什么区别呢？其实是完全不一样的，就像谈恋爱，一个谈过恋爱后又变成单身的人和一个从来没有谈过恋爱的单身相比是更有自信的。当他看到别人在谈恋爱的时候，他会在旁边自信地说："瞧，想当初我也是谈过恋爱的嘛。"

第二，做一个好人，才可能多交朋友。

要想交到好朋友，首先你要做个好人，要做一个让人放心的人。如果你是个好心的人，在困难的时候一定会有人帮助你。另外，交朋友尽可能要找比你更加出色的人，他们能够在你的成长道路上帮助你。你看看那些成功者，他们之所以能够取得成功，所凭借的就是让人信服的人格。因为品格高尚，所以让人信服，让人情不自禁想靠近并施与援手。

第三，用心谈一场恋爱。

谈恋爱必须要遵循两个前提：

首先，要爱得专注。所谓爱得专注，不是说在大学里只能谈一次恋爱，而是说一次只能谈一个。要爱到这样的一种感觉："为什么我的眼睛充满泪水？因为我爱你爱得深沉。"而且，当你真的爱上一个人后，要以恰当的方式告诉他，而不能只放在心里，就算被拒绝了，也能够让他知道你在爱着他。而且，你追求他，他也不会不高兴，他晚上睡不着觉的时候，一定会暗自窃喜："今天又有一个人追我！"有一个男孩在大学时喜欢一个女孩四年，这期间，班里也有几个很优秀的女孩追求他，可是，男孩就是无动于衷，默默地喜欢着那个女孩。十年后的同学聚会上，那个男孩喝醉了，在酒后对那个女孩吐了真言："你知道吗？我在军训的第一天就喜欢上了你，足足喜欢了四年……"女孩遗憾地说："那你当时为什么不告诉我呢？我一直在等你说这句话，如今一切都来不及了！"

其次，谈恋爱要谈得大度。人在世界上行走，靠的就是缘分，世界上最痛苦的事情就是你还深深爱着他，但他已经不爱你了。但这就是缘分，既然缘分已尽，那就让我们耐心等待下一段缘分的到来吧。在你以后的人生中，总会有那样一个人，在不远的前方等你一起牵手走向美好的未来。

趁我们还年轻，趁一切还来得及，把该做的事做好，让未来少一些遗憾与悔恨，让人生更加美好而富足！

## 第二章 拥有梦想的人生 不畏惧冬天

梦想能让人过一种光明的生活。它让人永远充满激情，永远年轻。为了梦想，付出任何代价都是值得的，因为那是你内心深处最想做的事情。有梦想的人浑身都是力量，有自己的目标，并向着目标去努力奋斗，为之能战胜一切艰难险阻，让整个世界都为他让路，直至成功。对他们而言，拥有梦想的人生不畏惧冬天，自己选择的路，跪着也要走完。

## 1. 只要梦想还在,你就永远年轻

你始终要相信,梦想之花终会开放。虽然这个世界时而残酷,时而温柔,时而让人心生绝望,又时而给人一丝希望,只要梦想还在,你终究能在这个残酷的世界里过上幸福的生活,你终究可以成为自己期待的样子,你终究会赢得他人的掌声。

一个男孩,大学毕业后就孤身一人来到北京奋斗,只为将来有一天能实现自己的作家梦,出一本自己写的书。

在北京,他举目无亲,生活条件极为艰苦,每天上下班要花4个小时在路上,住着隔断的合租间,吃不上一顿热乎饭。家人心疼他,就为他在家乡买了房子,在银行找了一份工作,要他回去。家乡空气好,父母在身边,银行工资高,对象也好找……他历数回家的好处,再看看自己现在的处境,有些动摇。但是,他转念一想:"北京,有我的梦想,如果这样就退缩了,我不甘心。"于是,男孩又继续留在北京奋斗。

这期间,他曾做过一些跟梦想无关的工作,只是为了当时能生存下去。但是，当他有了一些生活费，他又回到自己该走的路上。

当他从那家外企辞职的时候，他对主管说他要去写作，出版自己的书。那个主管冷冷地笑了一下。当时，他心里很难过，转身离开了。只有他自己清楚地知道，那绝不是挂在嘴上的东西，它是他敢为之拼命的东西。

两年后，他真的出版了自己的第一本书。他本想过给那位主管寄去一本，但很快打消了这个念头，他告诉自己："这是我自己的梦想，和他人无关。"于是，他请自己吃了一顿饭，感谢自己，一路走来，没有放弃梦想。

一个人很容易被他人的看法左右而迷失自己的方向，也很容易被现实的洪流打击得举步维艰而丧失人生的希望。于是，有太多人的梦想还没绽放就已枯萎，有太多人的生活还没达到高潮就已草草结束。而这个男孩的成长故事告诉我们：梦想，绝不只是一个念想，不是看不见、摸不着的，它是支持你，给你方向、信念和动力的东西，它是真的可以一步一步去实现的，尽管你现在很苦。

或许，很多人无法理解：为什么有人甘愿放弃唾手可得的安逸的生活，非要在陌生的环境里独自一人自讨苦吃呢？为什么不顾亲人朋友的挽留和心愿，非要义无反顾地去看一看外面的世界呢？他们无法理解外面的世界跟这里的世界有什么不同，不都是要吃饭、睡觉、结婚、生子吗？他们不懂那些在外漂泊的人的坚持所在，等着看他们的笑话，等着他们失败后落寞地回家。他们不懂这些人曾经背负过多么宏大的愿景，见过多么美丽的风景。试问，一个看见过世外桃源美好的样子的人，又怎么会轻易放弃对美好的世外桃源的追求呢？梦想就是这些人心中的世外桃源，是定义他们自身价值的标准所在，没有这些梦想，他们也就不再特立独行，他只不过是大多数中的一员罢了。

当你一心忙着同生活作斗争，忙着为梦想做准备，忙着生存，忙着工作，忙着解决各种各样的问题时，你根本无暇顾及自己是不是过得很辛苦，你也根本没有心思去感受一下苦的滋味。而当你获得了一点成绩，一点进展时，你唯一的感觉就是棒极了！哪里还会觉得苦？只有那些无所期待、无所事事的人才会受制于人生之苦，因为他的人生格局只有井口那么大，能体验到的感觉也就那么少，他的人生是只能由"苦"和"不苦"来定义，而怀揣梦想的人的人生却是由"不苦"和"乐"来定义的。

梦想，能让人过一种美好的生活。它让人永远充满激情，永远年轻。为了梦想，付出任何代价都是值得的，因为那是你内心深处最想做的事情。而且，人生能够为了梦想而不知疲倦地奋斗的时间也很有限。越往后走，你会越累，会越来越想要安定的生活。而且，到那时，如果你感觉累了，你完全可以停下来歇一歇。但现在，你还年轻，你没有任何资格说放弃！

忍受孤独，放手一搏，尽力去争取。这难道不是一个年轻人应该去做的事吗？家里的房子，放在那里，也不会变质。而且，房子，能够带来的安全感也是有限的。用有生之年，去拥抱未知，去实现内心的梦想，才是一件值得欣慰的事情！而不是早早住进一个普普通通的房子里，过着所谓的安稳生活。

你始终要相信，梦想之花终会开放。虽然这个世界时而残酷，时而温柔，时而让人心生绝望，又时而给人一丝希望，只要梦想还在，你终究能在这个残酷的世界里过上一种幸福的生活，你终究可以成为自己期待的样子，你终究会赢得他人的掌声。

## 2. 所有的动力，都来自你内心的沸腾

对于一个人而言，所有的动力都来自内心的沸腾。一个人内心不对某件东西充满渴望，这件东西就不可能靠近自己。即，你能够实现的，只能是你自己内心渴望的东西，如果内心没有渴望，即使能够实现也实现不了。

多年前，一位父亲领着两个年幼的儿子在农场上玩耍。这时，一群大雁叫着从他们的头顶上飞过，并很快消失在远处。小儿子问他的父亲："大雁要往哪里飞？""它们要去一个温暖的地方，在那里安家，度过寒冷的冬天。"他的大儿子眨着眼睛羡慕地说："要是我们也能像大雁一样飞起来就好了，那我就要飞得比大雁还要高。"小儿子也对父亲说："做个会飞的大雁多好啊！可以飞到自己想去的地方。"父亲沉默了一下，然后对两个儿子说："只要你们想，你们也能飞起来。"两个儿子试了试，并没有飞起来。他们用怀疑的眼神看着父亲。父亲说："让我飞给你们看。"于是他飞了两下，也没飞起来。父亲肯定地说："我是因为年纪大了才飞不起来，你们

还小，只要不断努力，就一定能飞起来，去想去的地方。"儿子们牢牢地记住了父亲的话，并一直不断地为此而努力，等他们长大以后，果然飞起来了，他们发明了飞机。他们就是美国的莱特兄弟。

对于一个人而言，所有的动力都来自内心的沸腾。一个人内心不对某件东西充满渴望，这件东西就不可能靠近自己。即，你能够实现的，只能是你自己内心渴望的东西，如果内心没有渴望，即使能够实现也实现不了。

心理学家曾经做过这样一个实验：让一个人躺在地上，另外再找来十多个人，只要他自己不想起来，那么，这十多个人是无论如何也拉不起来他，即使起来了，他也会马上再趴下。心理上的问题也是一样，只要你还没有想通，只要你不是真的心服口服，那么，所有外界的努力都是劳而无功的。

作为家长，在教育自己的孩子时，一定要牢记这个游戏的寓意。孩子虽然小，但是，他们也有自己的独立意志，你要把道理给他讲清楚，而且要让他明白这样做的目的是什么。或许，有人会觉得孩子还小，没必要对他们讲太多道理。可是，成长是一个逐渐发展的过程，你不能在一颗幼小的心里种下强权的种子，任何时候，都应该以理服人而不是以"力"服人，这是要让孩子从小就养成的习惯。

你举目四望，很容易就能发现：很多人的生理和物质上的需求得到了满足，但他们仍然不满意，奔突不止，躁动不宁，缺少一种能使他变得生机勃勃的动力，缺乏稳定祥和。像这样缺乏主动性的生活，无论表面上多么风光，都是不值得羡慕的。

那种使自己变得生机勃勃的动力是什么呢？谁来回答你呢？谁来帮你寻找呢？谁为你一锤定音？没有别人，只有你自己。只有当理想的光芒照耀着我们，而且它和广大人群的福祉相连，我们才会有大的安宁和勇气。

你可曾体会过种子的疼痛？那种挣开包裹自己的硬壳，顶出板结的土壤的苦难，对一粒柔弱的芽来说，可说是顶天立地的壮举。而一个人内心觉醒时的力量，应该比一颗种子破土而出的力量要大得多！

玫琳凯在20岁的时候便离婚了。坚强的她独自带着三个孩子生活，日子过得异常艰苦。但是，她没有自暴自弃，她一边上班，一边用超乎常人的毅力完成了大学学业。凭着她的刻苦和努力，11年后，具有丰富销售经验的玫琳凯在一家名叫"礼物世界"的直销公司的主任委员会里占据了一席之地，她还把公司的销售领域扩展到了43个州。但是，在20世纪中期的美国，男女之间的地位是很不平等的，尽管玫琳凯工作非常努力，但仍然无法改变她作为女性的弱势地位。令她气愤的是，公司为她聘请了一名男助手，男助手的年薪居然比她高出一倍，仅仅是因为助手是男性！看到这种情况，玫琳凯再也不愿意委屈自己了，她坚决地向公司递交了辞职书。

在家休息的玫琳凯想到要写一本书，一本指导女性如何在男性统治的商界中生存的书。在写书之前，她先列出了两个提纲：一是她在自己曾经工作过的公司里看到的好东西；另一个是她自己认为应当改进的东西。然而，当玫琳凯仔细读完这两条提纲时，她的心怦然一动：既然自己有那么多想法和经验，为什么不能由自己来实现这些想法呢？为什么不自己开一家这种理想中的新型公司呢？而且这样的公司将会是无数女性实现自身价值的舞台。

于是，玫琳凯决定自己创业。1963年9月，玫琳凯化妆品公司成立了，虽然刚开始时公司的经营也困难重重，但她带领她的团队很快扭转了这一不利局面，公司创立后第一年的销售收入就达到了20万美元。1976年，玫琳凯公司成为第一个由女性拥有的上市公司。

现在的玫琳凯公司拥有85万余名美容顾问，在五大洲的37个国家设有分支机构，每年的销售额超过24亿美元，在过去的9年中，有8年位居全美面部护肤品和彩妆销售第一名。

玫琳凯的企业结构曾经激励了成千上万的女性的创业欲望，很多女性都成为她属下的小型企业的经营者。有杂志曾惊叹：玫琳凯所解放的女性，比美国女权运动领袖格劳瑞雅·史戴能解放的还要多。诸多女性在感叹玫琳凯今日的辉煌业绩时，不知可曾想过，如果不是玫琳凯的幡然醒悟，她怎么会勇敢地走出昔日束缚她发展的公司，那么，又怎么会有今天的辉煌呢？

生活中，有些人把梦想变成现实，有些人把现实变成了梦想。这其中的关键就在于，你的梦想是什么？而你又为你的梦想做了什么？人生有了梦想就不会寂寞，当你寂寞的时候，只要招招手，你的梦想就会飞到你身边。剩下的事，就是琢磨该如何把梦想变成行动。

## 3. 世界上最不会贬值的投资，就是你所付出的努力

没人能顺利预料自己的未来会怎样，这世上也并不是付出了就一定能收获梦想，但只要用功一天，你的人生最起码就会好过昨天，即便最终并没有预想的那么好，那也好过什么都没开始做的最初时光。

有一位瓦工，经常帮别人建房子，每次建完房子，就会把别人废弃不要的断砖烂瓦捡回来，或一块两块，或三块五块。有时候在路上走，看见路边有砖头或石块，他也会捡起来放在篮子里带回家。久而久之，他家院子里就多出了一大堆乱七八糟的砖头碎瓦。妻子完全不知道这一堆东西的用处，只觉得本来就小的院子被丈夫弄得没有了回旋的余地，为此经常抱怨丈夫，全村人暗地里都嘲笑他像个捡破烂的。而瓦工对此丝毫都不放在心上，遇到砖头瓦块还是会毫无顾忌地捡回来。

终于有一天，瓦工在院子一角的小空地上开始左右测量，开沟挖槽，妻子问他要做什么，他告诉妻子说，他要造一间小房子。在

随后的几天里，瓦工和泥砌墙，用那堆乱砖左拼右凑，一间四四方方的小房子居然拔地而起，干净漂亮，和院子构成了一个和谐的整体。瓦工把本来养在露天到处乱跑的猪羊赶进小房子里，再把院子打扫干净，结果家里就有了全村人最羡慕的院子和猪舍。

从一块砖头到一堆砖头，最后变成一间小房子，这位瓦工向我们阐释了做成一件事情的全部奥秘。一块砖没有什么用，一堆砖也没有什么用，如果你心中没有一个造房子的梦想，拥有天下所有的砖头也只是占据了一堆废物；但如果只有造房子的梦想，而没有砖头，梦想也没法实现。

在做任何事情之前，你不妨问自己这样两个问题：一是做这件事情的目标是什么，因为盲目地做事情就像捡了一堆砖头而不知道干什么一样，会浪费自己的生命；第二个问题是需要多少努力才能够把这件事情做成，也就是需要捡多少砖头才能把房子造好。解决了上面两个问题，剩下的就是要有足够的耐心，因为砖头不是一天就能捡够的。

小艺是从很一般的大学毕业的，虽然现在的他并不认为他的大学不够好，但大一入学时，他确实不太满意自己的学校。在他报到后的十天内，他就明白了这样一件事：要想证明高考是个失误，要想证明自己很优秀，那就要靠自己努力学习，不光要有勤奋，还要有灵气，不光要有吃苦精神，还要有眼光。

于是，小艺就像被逼入了绝境，脑子里根本没闲工夫跟别的同学一样去抱怨,去难过,去旷课,或者干脆去谈恋爱。因为小艺擅长写作,也很喜欢文学,他便开始继续努力学习中文。尽管小艺的水平并没有北大、清华的同学那么好,但他一直在努力向他们靠近。他们考什么,小艺就考什么,至于他们学什么,小艺并不知道,他就从图书馆借来大量有关文学方面的教材和书籍,并逐一去阅读。

最终,在毕业后,小艺就是凭借自己丰厚的文学写作功底,很顺利地找到了一份很好的工作。

就因为小艺的文学功底好,所以,他毫不费力地找了一份好工作。其实,只要你肯努力,只要你肯下功夫,每天变好一点点,尽管你未来可能还是什么都没有,但哪怕有一丁点的优势,你就不会让自己饿死,这世上最不会贬值的投资,就是为自己所付出的努力。

有一些年轻人深知这个道理,可是,他们觉得无法判断自己所选择的努力的方向是否正确,害怕自己付出了努力,最终却收获一片黑暗。其实,未来无须判断,未来不是用来判断的,未来只能用来打造。这世上很多事情,比如瞄准目标、确定梦想,就好像谈恋爱一样,当你认准一个人的时候,浑身都是力量;当你觉得这个人还可以,没那么坏也没那么好时,才会以无所谓怎样都可以的态度去交往。没人能顺利预料自己的未来会怎样,这世上也并不是付出了就一定能收获梦想,但只要用功一天,你的人生最起码就会好过昨天，即便最终并没有预想的那么好，那也好过什么都没开始做的最初时光。

还有这样一些年轻人，自己明明喜欢某一专业或某一项工作，但是，因为种种原因，现在所选择的却是其他的专业或工作，于是，他们便陷入了迷茫，四处询问自己该怎么办才好。如果你从小学到大学毕业，学了16年都还不知道该怎么学的话，那真的没有人能帮得了你。其实，大部分问这种问题的人，并不是想要知道学习方法，而是想知道走捷径的方法。如何能每天不需要学习就能考高分？如何能每天吃喝玩乐又能阅读文学名著？如何能每天上午十点起床，晚上十点睡觉，还能上班没压力、月底拿高薪？如何能每天下班后吃饭、看电视、娱乐都不落下，还能有时间学新东西？这世上没有什么学习方法是通用给每个人的，最好的学习方法，就是经过自己不断尝试与碰壁后，摸索出的属于自己的方法；这世上也没有多余的时间给谁，无非是抓紧时间和早睡早起。不要再说你学不会这个，学不会那个的，试问，你真的用脑子学习过吗？

所以，别再抱怨了！请你认真核验一下自己的目标，目前的计划和打算，以及做出了怎样的努力，遇到了怎样的问题。相信你只要行动起来，努力起来，造好心中的房子并不难。

房子如果拆开了，只不过是一堆散乱的砖头。日子如果没有目标地过着，只不过是几段散乱的岁月。但如果把努力凝聚到每一日，去实现自己心中的一个梦想，散乱的日子就会积累成为生命的永恒。

## 4. 有自己的人生目标，你就不会迷失方向

目标是一个人生命的意义和方向，没有明确的目标，我们就失去了前进的原动力，变成了迷茫、麻木的行尸走肉。因此，我们在任意时刻都要有明确的目标，更重要的是，还要根据具体情势的变化不断提升自己的目标。

在英国，有一个名叫斯尔曼的残疾青年。在他 19 岁时，他登上了"世界屋脊"珠穆朗玛峰；在他 21 岁时，他征服了著名的阿尔卑斯山；在他 28 岁前，世界上所有的著名高山几乎都踩在了他的脚下。然而，就是这样一个有为青年，在他生命最辉煌的时刻，他却在自己的寓所里选择了自杀。为什么一个意志力如此坚强、生命力如此顽强的人，会选择自我毁灭的道路？

透过斯尔曼的遗嘱，世人发现了他自杀的真正原因：在斯尔曼 11 岁那一年，他的父母在攀登乞力马扎罗山时遭遇雪崩双双遇难。出发前给小斯尔曼留下了遗言，希望他能够像父母一样，征服世界上的著名高山。因此，他从小就有了明确而具体的目标，目标成为

他生活的动力。但是，当28岁的他完成了所有的目标时，就开始找不到生活下去的理由，就开始迷失人生的方向了。他感到空前地孤独、无奈与绝望，他给人们留下了这样的告别辞："如今，功成名就的我感到无事可做了，因为我没有了新的目标……"

目标是一个人生命的意义和方向，没有明确的目标，我们就失去了前进的原动力，变成了迷茫、麻木的行尸走肉。因此，我们在任意时刻都要有明确的目标，更重要的是，还要根据具体情势的变化不断提升自己的目标。

为了避免在追求人生目标的路上迷失方向，为自己设计一张人生地图就显得尤为重要。我们要在地图上把起点标出来，把目的地标出来，把到达目的地的路径标出来，还必须要做好应付意外情况的心理准备，懂得如何在原定路径走不通的时候确定新的路径。

人生不仅仅是为了一个结果，同样重要的是，走向结果的路径选择。有人生的地图在手中，即使在狂风暴雨中行走，你都不会迷失方向，你的一辈子就会比你想象的走得更远，到达的目的地更多，因此也就会有更多的精彩。

通常情况下，决定一个人一生成败也就在于20~40岁之间的人生规划。20岁以前，大部分的人是相同的，读书升学，建立自己的基础。在父母亲友、社会价值观影响及误打误撞的情况下完成基本教育。而到了20岁以后，就要懂得规划自己的未来了，一旦作了决定，就是一条无悔的不归路。那么，具体来说，年轻人在

20~40岁应该如何设计出一张完美的人生地图，从而做好人生规划呢？

20~25岁：这一时期，是喜悦、矛盾与痛苦交战的时期，喜悦来自于开始被赋予一些自主权，矛盾来自于与父母割不断的脐带关系，痛苦的是开始要尝试错误。这一时期要为自己的未来规划升学、就业、感情……拿回自己对人生的主控权，而不要受人左右，让自己摇摆不定。

25~30岁：这一时期，你是在领取别人的薪水，学习别人的经验，付出自己的青春，建构自己的未来。所以，这一时期，年轻人应该像一块海绵，既要努力吸收，也要甘心被压榨，为的只是自我的成长。因为唯有努力吸收和付出，你才能积累更多资本去积极争取。这一时期的主要任务就是工作取向、薪水待遇。凡是关于升迁调职的，你都应该"斤斤计较"。

30~35岁：这一时期，你要学习判断机会、掌握机会，不能再有尝试错误的心态。这一时期的你，应是事业取向和家庭取向的，工作应该从体力转换为脑力。你应该看到的是远景，而非现况，面对的是宽广人生，而非局限于自我。在这一时期，结婚是许多人必须面临的人生第一次的重大抉择，婚姻是一个人学习承担责任的开始。人的本业就是经营自己的家庭，赚钱的目的不就希望给家人更好的生活，但这不能成为你疏于关心家人的借口。一个经营不好家庭的人，纵使赚到全世界，他得到的只是表面的掌声，他人生的这个圆，永远都会有一个缺口。家应该是你最大的精神支柱、动力来源及坚强后盾！

35~40岁：这一时期，你要享受给人希望，你要设法做一个极具影响力的人。这一时期的你，应是企业取向的，工作只是一种休闲，更可转化为对他人的责任。如果你专注于研究，你不应该穷毕生之力24小时不眠不休地去做苦力，你应该有成立研究机构，带领一群人做更多研发的雄心壮志。如果你是企业主管，你应该不只停留在汲汲营营、斤斤计较，你应该有能力担负主导周遭的员工、家人，带领他们创造更好的生活。

在做完人生规划后，你还需要静心思考这样几个问题：

1. 找到工作的动力。我们现在所有努力的目的无非就是为了父母、爱人、孩子……工作，不应该等于是人生，更不应该是需要经营一辈子的事。试问健康、财富、自我成长、人际关系和时间自由，什么是你努力工作的代价？我相信没有人愿意放弃任何一点，这些正是促使我们年轻人前进的动力。

2. 宁可因梦想而忙碌，也不要因忙碌而失去梦想。有很多人终日汲汲营营，投入更多的时间、精力、资源，却没有享受到应得的回报，原因无他，努力错方向，找错机会，拒绝机会而已。就像一个在篮球场上打了一辈子篮球的人，是很难在棒球场上找到属于自己的舞台的。所以，千万不要让忙碌蒙蔽了你的双眼后再回头。

3. 要懂得分享与付出。当你取得成功时，要懂得分享与付出，真正的快乐来自于身边的亲友因你的成长而提升,不论是精神或物质。真正的成功来自周围的亲友因你的付出而有所改善,并给人以希望。

当一个人根据自己设计的人生地图为自己的将来规划好一片天地时,他就有了明确的努力方向,任凭前路坎坷,他也会选择风雨兼程,不达目的誓不罢休!

## 5. 当一个人有了努力的方向，全世界都会给他让路

当一个人心中有了明确的努力方向，他就会不辞劳苦、日夜兼程地朝这个方向行进，如此努力，终究会取得成功。

爱默生曾经说过："一个人只要知道自己去哪里，全世界都会给他让路。"就是说，一个人一旦知道了自己想要什么，那么，他就会向着这个目标去努力奋斗，这种坚持与斗志必然能战胜一切艰难险阻，整个世界都会为此让路。

然而，在面向自己的未来时，很多人不清楚自己内心真正想要什么，比起微薄的收入和沉重的生活压力，这更让人备受煎熬与折磨。因为，他们不知道将来要做什么，不知道自己要走向何方，不知道自己在哪里需要坚持，哪里需要放弃，他们甚至还不知道自己喜欢什么、讨厌什么……他们一直处于一种随遇而安的状态之中，自然就不会去努力，即使有的人努力了，并且取得了一些成就，蓦然回首，也会发觉目前所拥有的一切并非自己真正想要的……

相信很多人都会有过这样的苦恼，不仅仅是刚毕业的年轻人会

遇到这样的苦恼，即便是一些工作多年的职场人士，也难免会不知道自己该往哪个方向努力，在现实中迷失了自己。

很多人在一个岗位、一家公司工作十年、二十年后，会很清楚自己在这个岗位、这家公司已经没有任何发展前途了，所以，早就产生了转行的想法，但是，"隔行如隔山"，转行谈何容易？每当真正想要转行的时候，便会开始留恋自己现在稳定的生活，况且还没想好转行做什么，于是，日子就这样浑浑噩噩地过着，只是偶尔在某个夜深人静的时候想想自己的未来在哪里、出路在哪里的时候，压力油然而生，才开始想出路。只是这种"晚上想想千条路，白天醒来走老路"的做法，也就决定了他们直到现在还没有转行，反而现在那种蠢蠢欲动的想法一次又一次地折磨着他们，到底是转还是不转，着实让人苦恼！

如果你总是抱着一种走到哪里算哪里的心态，我想，你只会让自己生活在迷茫中，这种随遇而安的心态并不是豁达，而恰恰是在困难面前怯懦的表现，你真正缺乏的是与生活搏击的勇气，害怕挑战，害怕失败，害怕归零，因此更多的时候选择了顺从。

你自己都不知道自己想要什么，命运又怎会给予你想要的东西呢？而当你自己知道自己想要什么的时候，并为之努力，那么，世界就会为你让步。

中国台湾最受欢迎的散文家林清玄出生在一个普通的农户家里。家里很穷，他很小就跟着父亲下地种田。一天，他在田间休息的时候,他望着远处沉思。父亲问他想什么,他说:"将来长大了,我不要种田,也不要上班,我只想每天待在家里,等着别人给我寄钱。"父亲听了,笑着说:"荒唐,你别做梦了!天上得掉下来多大的馅饼才能砸在你的头上。"后来他上学了。当他从课本上知道了埃及金字塔的故事,就对父亲说:"长大了我要去埃及看金字塔。"父亲生气地拍了一下他的头说:"真荒唐!你别总做梦了,那么远,你怎么去?"十几年后,林清玄考上了大学,毕业后做了记者,每年都出几本书。他每天坐在家里写作,出版社、报社给他往家里邮钱,他用邮来的钱到埃及旅行。他站在金字塔下,抬头仰望,想起小时候爸爸说的话,心里默默地对父亲说:"爸爸,人生没有什么事情是做不到的!"那些在他父亲看来十分荒唐、不可能实现的梦想,在十几年后都被他变成了现实。就是为了实现这个梦想,他十几年如一日,每天早晨4点就起床看书写作,每天坚持写3000字,一年过后就是100多万字。正是凭借这种坚持不懈的努力奋斗,他终于实现了自己的梦想。

当一个人心中有了明确的努力方向,他就会不辞劳苦、日夜兼程地朝这个方向行进,如此努力,终究会取得成功。

人生的道路总是布满坎坷,但是,只要我们清楚地知道自己该去向哪里,我们总会在柳暗花明处,找到属于自己的成长的快乐。抱持着这种坚定而轻松的心态前行,就一定能找到全世界都会为你让路的智慧和处世哲学。

## 6. 风雨兼程，你要为梦想而坚持下去

成功没有捷径可走，任何成功都要从最底层做起，哪怕是一件很小的事情，你都要认真、努力地去做，只有这样踏踏实实地慢慢走，才能走得安稳而有保障，才能为成功奠定基础。

有这样一部纪录片叫《寿司之神》，讲的是全球最年长的三星大厨，被称为"寿司之神"的小野二郎。他终其一生都在做寿司，并一直坚持到70岁心脏病发作。

为了确保客人享受到极致的美味，他几乎是用朝圣的心态对待他的工作的，他始终以最高的标准要求自己和自己的学徒：为了保护制作寿司的双手，他在不工作时永远戴着手套，连睡觉时也是如此；每天都亲自骑自行车去市场进货；为了使章鱼口感柔软，要给它们按摩至少四十分钟；为了让米饭弹性达到最好的状态，小学徒摇着蒲扇给米饭降温；海苔用特殊木炭烤制；纯手工打蛋。食材方面精益求精，从筑地鱼市专门卖鲔鱼的鱼贩手里买走最好的那一尾鱼，从虾贩手里买走市场上仅有的三斤野生虾，从最懂米的米店那

里买最好的米……

由于小野二郎做的寿司几乎算作艺术品，这间隐身于东京莱大厦地下室、只有10个座位的小店，需要提前半年订餐，最低消费三万日元，主厨决定你吃什么，没有佐餐小菜，价格要参考当天的渔货价格……这个寿司店连续两年荣获米其林三颗星评价，甚至被誉为"值得花一生去等待的餐馆"。

一件事情能否做成功，与做事情的方式和状态密切相关。当你在有限的范围内，一心一意地做完一件事情，并且达到熟能生巧的地步，成功自然就会水到渠成。

然而，现如今的很多年轻人都无法专注地去做一件事情，他们总是梦想着能"一夜成名""一夜暴富"。他们不扎扎实实地长期努力，而是想靠侥幸一举成功。比如投资赚钱，不是先从小生意做起，慢慢积累资金和经验，再把生意做大，而是如赌徒一般，借钱做大投资、大生意，结果往往惨败。网络经济一度充满了泡沫。有的人并没有认真研究市场，也没有认真考虑它的巨大风险，只觉得这是一个发财成名的"大馅饼"，一口吞下去，最后没撑多久，草草倒闭，白白"烧"掉了许多钞票。

成功没有捷径可走，任何成功都要从最底层做起，哪怕是一件很小的事情，你都要认真、努力地去做，只有这样踏踏实实地慢慢走，才能走得安稳而有保障，才能为成功奠定基础。

古希腊哲学家苏格拉底第一次给学生上课时，要求他的学生在上课前挥一挥手。一周以后，他发现有一半的学生不再挥手，一个月后，他发现有 2/3 的学生不再挥手，半年以后，他发现只有一个学生还在挥手。那个学生就是后来成为大哲学家的柏拉图。

你看，只是每天课前挥一下手这样小到几乎没有意义的事情，只要坚持下去，就会造就完全不同的人生。只是因为，这种"无意义"的小事能磨炼一个人的专注力和意志力，而这些品性是无论做什么事情都必须具有的。法国思想家西蒙娜·韦伊说："学习构成专注的智力训练，因此，学校的每种训练应是精神生活的一种折射。"她认为，数学、物理这样的课程，哪怕我们不了解学习它们的意义，哪怕在以后的岁月里再也用不到这些知识，可是，学习它们所磨炼出来的专注力却是一个人一生的财富。

我们每一个人一生的精力都是有限的，能够去做的事情也是有限的，如果你把精力放在太多的地方，就很容易顾此失彼。要想真正做好一件事，并非一朝一夕可成，必须专心去做才会达到你想要的效果。所以，每一个心怀梦想的人，无论你的目标是长期的还是短期的，请从你身边的每一件小事开始做起。在你每次受伤、动摇的时候，可以先想一下目标达成以后的情景，给自己描绘一幅美丽的蓝图，从而给自己带来继续前进的动力，然后，不论风雨，都要坚持走下去。终究会有那样一天，我们一点一滴细微的努力，渐渐会化为美丽的彩虹，我们也会一点点变成自己所希望的那个样子。我们终会掌握自己独有的节奏，不惧风雨，不羡他人。

无论是目前的工作，抑或是设计、音乐、文学等，倘若它们是你的梦想，那就从此刻起，做好充分的准备：请你铺开一张画纸，削好一根铅笔；翻开简单的乐谱，认识每一个音符；留意生活的每一个细节，记录下你的所见、所感……倘若它们是你的梦想，那就从此刻起，请你沉下心来，努力不懈地坚持，勇往直前地守候；倘若它们是你的梦想，那就从此刻起，用一生的长度，去丈量这个梦想；倘若它们是你的梦想，那就从此刻起，请你坚信，只有你一心一意地去做，哪怕坚持十年、二十年，甚至一辈子，你就一定能看见人生最美的风景。

## 7. 自己选择的路，跪着也要走完

人生就像这随时都有可能发生意外的赛场，处处充满了难题，有时候你拼命通过了这个关卡，却发现前方竟然还有更多的难关在等着你，你努力来到目的地，却发现转弯之后还有下一站要你去挑战。

马云曾经说过这样一句话："自己选择的路，跪着也要走完。"在通往成功的道路上，不可能永远都是平坦的，无论你遇到怎样的艰难险阻，你都不要忘记自己前进的方向，一步一步向目标前进，在充满坎坷的道路上，即使爬，也要坚持爬到终点！当你喜欢上了行走在路上的感觉的时候，你会发现，你会控制不住这种情绪，即便失去双脚，也会一如既往地前行。

在2012年的奥运会场上，有一位年轻的女运动员感动了全世界的人。她就是韩国运动员——金恩星。

这天，金恩星正在伦敦参加2012年奥运会现代五项资格赛的女子个人决赛。起跑后，金恩星在开始阶段一直遥遥领先，然而，就在她离终点只有5米的时候，竟然发生了意外，她在冲刺中不慎摔倒了。虽然是在绿草地上，但金恩星还是被摔得眼冒金星，更要命的是，她的左脚踝扭伤了，右侧的股关节也受了重伤，而且右手也脱臼了。眼睁睁地看着后面的运动员一位又一位地从自己身边跑过，金恩星拼尽一切力量想要站起来，可是，她尝试了很多次都失败了。时间就这样一分一秒地过去了，金恩星知道自己已经无论如何也无法站立起来继续跑步了，她在放弃与继续之间徘徊。想放弃，可放弃不是一个运动员应该有的精神，可问题是自己站不起来了，怎么办？于是，金恩星想到了爬，她告诉自己："就是爬，也要爬到终点！"

金恩星拖着受伤的身体，仅靠一只左手的力量，努力向终点爬去，她每动一下身体，受伤的部位就疼痛难当，还没有爬出半米，金恩星就痛得快要晕过去了，豆大的汗珠从她脸上掉落下来，身上的运动服也完全被汗水浸湿了。她痛得连脸上的肌肉都开始痉挛起来，这时，她的教练和裁判都大声劝她放弃算了，旁边的医生也跑过来劝她放弃，接受治疗，但是，这一切都被不甘示弱的金恩星拒绝了，她坚定地说了三个字："我没事！"

不知道是哪位已经完成比赛的选手开始大声呼喊金恩星的名字，为她加油打气，渐渐地，喊她名字的人越来越多，赛场上的声音一浪高过一浪："金恩星、金恩星、金恩星……"就这样，金恩星忍着剧痛，顽强地向前爬去，20厘米、40厘米、80厘米……在最后这短短 5 米的路程，金恩星竟然足足爬了 20 分钟！当她最终爬到终点的时候，整个赛场都沸腾了！所有人都从观众席上站了起来，使劲呐喊和鼓掌，而金恩星却在掌声中，虚脱得晕了过去。

毫无疑问，金恩星的成绩是倒数第一名，然而，她那顽强的意志却感动了全世界的人。在比赛结束时，裁判官约翰逊感慨地说："爬也是一种冲刺的姿势，金恩星的精神足以使每个人动容！"

人生就像这随时都有可能发生意外的赛场，处处充满了难题，有时候你拼命通过了这个关卡，却发现前方竟然还有更多的难关在等着你，你努力来到目的地，却发现转弯之后还有下一站要你去挑战。这就像在黑夜中行走的人等到太阳出来后还是要面对下一个黑夜，度过寒冬后还有下一个寒冬。

或许，你会有熬不下去的时候，你只想抱头痛哭一场，可是，你手头上的工作还没做完，你预设的目标还没有实现，你连人生的一半都还没有走过。你根本没有任何资格哭泣，因为眼泪是给胜利者的奖赏，而只要活着总会有希冀。于是，你扬起嘴角，给自己一个鼓励的微笑，然后，又继续埋头赶路。

走在路上，或许这就是人生！

人这一辈子，无非走在两条路上——心灵之路和现实之路。这两条路互相补充、互相丰富，心灵之路指引现实之路，现实之路充实着心灵之路。当我们的心灵不再渴望越过崇山峻岭时，心灵就会为此失去了活力和营养；当我们的现实之路没有心灵指引时，我们即使走遍世界,也如同行尸走肉一般。一年又一年,我们不断地走过,每一个生命都走得如此不同。

那么,年轻的你,做好了走在路上的准备了吗?

## 第三章 面对苦难，柔韧能阐释出真正的坚强

只要今天够努力，幸福明天就会来临。在生命中最痛苦、最危难的时刻，在精神行将崩溃的临界点，我们要为自己编织希望，要通过强大的意志调控心灵，要如流水一般柔软，像磐石一样坚硬，要有足够的信心去战胜一切困难。因为成功的秘诀，就是在绝望中怀揣希望和信念，用点滴的努力去实现自己的理想和目标。

## 1. 身处灾难时，你不妨把眼光投向雨过天晴的未来

当你身处一种旷日持久的灾难之中时，为了同这场灾难拉开一个心理距离：乐观者会尽量"朝前看"，把眼光投向雨过天晴的未来，看到灾难的暂时性，从而怀抱希望；豁达者会尽量居高临下地"俯视"灾难，把它放在人生虚无的大背景下来看，看破人间祸福的无谓，从而产生一种超脱的心境。

在《战争与和平》中，娜塔莎一边守护着弥留之际的安德烈，一边在编一只袜子。要知道，娜塔莎对安德烈的爱可是胜于世上的一切的，但是，她仍然不能除了等心上人死之外，就不去做任何事情。一事不做地坐等一个注定的灾难发生，这种等待实在荒谬至极，与之相比，灾难本身反倒显得比较好忍受一些了。

只要人的生存本能尚在，人在任何处境中都能为自己编织希望，哪怕是极其微弱的希望。陀思妥耶夫斯基笔下的终身苦役犯，服刑初期被用铁链拴在墙上，可他们照样心怀希望：有朝一日能像别的苦役犯一样，被释放离开这堵墙，戴着脚镣走动。如果不抱任

何希望,没有任何一个人能够活下去。

任何时候,都不要责备"好了伤疤忘了疼"。如果生命不曾存在这样的自卫本能,人如何还能正常生活,世上还怎会有健康、勇敢和幸福呢?古往今来,天灾人祸,不知道要留下过多少伤疤,如果你一一去铭记它们的疼痛,或许,人类早就失去了生存的兴趣和勇气。人类是在忘却中不断前进与进取的。

当你身处一种旷日持久的灾难之中时,为了同这场灾难拉开一个心理距离:乐观者会尽量"朝前看",把眼光投向雨过天晴的未来,看到灾难的暂时性,从而怀抱希望;豁达者会尽量居高临下地"俯视"灾难,把它放在人生虚无的大背景下来看,看破人间祸福的无谓,从而产生一种超脱的心境。倘若你既非乐观的诗人,亦非豁达的哲人,而只是得过且过的普通人,你仍然可以甚至必然有意无意地掉头不看眼前的灾难,尽量把注意力放在生活中尚存的其他欢乐上,哪怕是些极其琐屑的欢乐,只要我们还尚存于世,任何灾难都无法把它们彻底消灭掉。尽管所有这些办法在实质上都是逃避,而逃避却常常是必要的。如果我们骄傲得连逃避都不肯,或者沉重得无法逃避,那该如何是好呢?剩下的唯一办法就是忍。忍受不可忍受的灾难是人类的命运,只要咬牙忍受,世上就没有无法忍受的苦难。

古人曾云,忍为众妙之门。事实上,对于人生种种不可躲避的灾祸和不能改变的苦难,除了忍,别无他法。当然,忍也并非什么妙法,只是非如此不可罢了,否则,不忍又能怎样呢?所谓超脱,不过就是寻找一种精神上的支撑与寄托罢了，从而较能够忍，而非不需要忍。佛教教人看透生老病死之苦，但并不能消除生老病死本身，苦仍然是苦，无论你如何看透，身受时还是得忍。当然，也有忍无可忍的时候，最终造成了肉体的崩溃——死亡，精神的崩溃——疯狂，最糟糕的则是人格的崩溃——萎靡不振。

你如果不想被灾难所毁灭，那就只能忍。忍是一种自我救赎，即使自救不了，至少也是一种自尊的表现。以从容、平静的态度忍受人生最悲惨的厄运，这是处世做人的基本功。

一次机器故障导致帕克的右眼被击伤，抢救后还是没有保住，医生摘除了他的右眼球。帕克原本十分乐观，但现在却沉默寡言。他害怕上街，因为总是有那么多人看他的眼睛。他的休假一次次被延长，妻子艾丽丝负担起了家庭的所有开支，而且她在晚上又兼了一个职。她很在乎这个家，她爱着自己的丈夫，想让全家过得和以前一样。艾丽丝认为丈夫心中的阴影总会消除的，那只是时间的问题。

但糟糕的是，帕克的另一只眼睛的视力也受到了影响。在一个阳光灿烂的早晨，帕克问妻子谁在院子里踢球时，艾丽丝惊讶地盯着丈夫的眼睛，她意识到了问题的严重性。在以前，儿子即使到更远的地方，他也能看到，可是现在……艾丽丝什么也没有说，只是走近丈夫，轻轻地抱住他的头。帕克说："亲爱的，我知道以后会发生什么，我已经意识到了。"艾丽丝的肩膀开始颤抖，眼泪忍不住地流了下来。

艾丽丝想为丈夫留下点什么。她每天把自己和儿子打扮得漂漂亮亮的，还经常去美容院。在帕克面前，不论她心里多么悲伤，她总是努力微笑。几个月后，帕克说："艾丽丝，我发现你新买的套裙那么旧了！"艾丽丝说："是吗？"她奔到一个他看不到的角落，低声哭了。她那件套裙的颜色在太阳底下艳丽夺目。她想把家具和墙壁粉刷一遍，让帕克的心中永远有一个新家。油漆匠工作很认真，一边干活还一边吹着口哨。干了一个星期，终于把所有的家具和墙壁刷好了，他也知道了帕克的情况。油漆匠对帕克说："对不起，我干得很慢。"帕克说："你天天那么开心，我也为此感到高兴。"算工钱的时候，油漆匠少算了 100 元。

艾丽丝和帕克说："你少算了工钱。"油漆匠说："我已经多拿了，一个等待失明的人还那么平静，你告诉了我什么叫勇气。"但帕克却坚持要多给油漆匠 100 元，帕克说："我也知道了，原来残疾人也可以自食其力地生活得很快乐。"

原来油漆匠只有一只手。

所以，无论你身陷何种绝境，只要你还活着，就必须把绝境也当作一种生活，接受它的一切痛苦，当然，也不拒绝它仍然尚存的任何微小的快乐。身处绝境之中，最忌讳的是把绝境与正常生活进行对比，认为它不是生活，这样就连一天也忍受不下去。如果你非要作对比，那不如放大尺度，把自己的苦难放到宇宙的天平上去称一称。面对宇宙，一个生命连同它的痛苦就会显得微不足道，甚至是可以忽略不计的。

## 2. 你要做的，就是与自己的遭遇拉开距离

越是面对大苦难，就越要用大尺度来衡量人生的得失。在岁月的流转中，人生的一切祸福都是过眼烟云。在历史的长河中，灾难和重建乃是寻常经历。

弗兰克是一位犹太裔心理学家。第二次世界大战期间，他被关押在纳粹集中营里受尽了折磨。父母、妻子和兄弟都死于纳粹之手。当时，他本人常常遭受严刑拷打，随时面临死亡的威胁。

有一天，他忽然悟出了一个道理："就客观环境而言，我受制于人，没有任何自由；可是，我的自我意识是独立的，我可以自由地决定外界刺激对自己的影响程度。"弗兰克发现，在外界刺激和自己的反应之间，他完全有选择如何做出反应的自由与能力。于是，他靠着各种各样的记忆、想象与期盼不断地充实自己的生活和心灵。他学会了心理调控，不断磨炼自己的意志，其自由的心灵早已超越了纳粹的禁锢。

这种精神状态感召了其他狱友。他协助他们在苦难中找到生命

的意义，找回了自己的尊严。弗兰克后来这样写道：

"每个人都有自己特殊的工作和使命，他人是无法取代的。生命只有一次，不可重复，实现人生目标的机会也只有一次。然而，最可贵的是，一个人可以自由地选择自己的思想，无论是身陷囹圄，还是行将就木，他都能够按照自己的意志自由地决定外界对自己产生的影响。"

在生命中最痛苦、最危难的时刻，在精神行将崩溃的临界点，弗兰克没有沉浸在苦痛之中，而是通过强大的意志调控心灵自由，不仅挽救了自己，而且挽救了许多患难与共的生命，活出了生命的意义。

面对人生的重大苦难，应对它的方法之一便是有意识地与自己的遭遇拉开距离。例如，在失恋、亲人死亡或自己患了绝症时，就想一想恋爱关系、亲属关系乃至自己的生命的纯粹偶然性，于是获得一种类似解脱的心境。

面对苦难，我们可以尝试着用艺术、哲学、宗教的方式来寻求安慰。在这三种场合下，我们都是在想象中把自我从正在受苦的肉身凡胎分离出来，将其置于一个安全的位置上，居高临下地看待苦难。艺术家会对肉身说："你的一切遭遇，包括你正遭受的苦难，都只是我的体验。人生不过是我借造化之笔写的一部大作而已，没有什么不可化作它的素材。"哲学家会对肉身说："我站在超越时空的最高处，能看见你所看不见的一切。我看见了你身后的世界，在那里你不复存在，那么，你生前是否受过苦还有何区别？在我无边广阔的视野里,你的苦难稍纵即逝,微不足道,不值得为之动心忧虑。"宗教家对肉身说:"你是卑贱的,注定要承受苦难,而我将升入天国,永享福乐。"这时,正在受苦的肉身忍无可忍了,它不能忍受对苦难的贬低甚于不能忍受苦难,于是便怒喊道:"我宁愿绝望,也不要安慰!"于是,一切都沉默下来了。

当我们距离一种灾祸愈远时,我们就愈觉得其可怕,不敢想象自己一旦身陷其中会怎么样。但是,一旦我们真的身陷其中时,就会犹如落入台风中心,反倒有了一种意外的平静。例如,一个即将生产的女人,在未走进手术室之前,会想象生产时的种种痛苦,可是,一旦躺在了手术台上,内心的恐惧反而会消失得无影无踪,随之而来的便是用尽全身解数去生产,以此期待尽早见到孩子,尽快脱离痛苦。

通常来说,不幸对一个人的杀伤力取决于两个因素:一是不幸的程度,二是对不幸的承受力。其中,后者显得更为关键。所以,古希腊哲人如是说:"不能承受不幸本身就是一种巨大的不幸。"但是,承受不幸不仅是一种能力,来自坚强的意志,更是一种觉悟,来自做人的尊严、与身外遭遇保持距离的智慧,以及超越尘世遭遇的信仰。

越是面对大苦难,就越要用大尺度来衡量人生的得失。在岁月的流转中,人生的一切祸福都是过眼烟云。在历史的长河中,灾难和重建乃是寻常经历。

## 3. 与其杞人忧天，不如快乐地过好每一天

当事情还没有发生，不必过分地担忧，有时候我们所担忧的，根本不会发生，那么我们所担忧的，岂不是白白浪费心神了吗？所以，世上是没有任何事是值得忧虑的。我们要做的，就是专注于现在所做的事情，快乐地珍惜和感受每一个美好的一天。

相传，春秋时杞国有这样一个人，他总是担心有一天会突然天塌地陷，自己无处安身，他常常因此愁眉不展，心惊胆寒，愁得睡不着觉，吃不下饭。

杞人的一位朋友见他如此忧虑，就跑来劝导他说："天不过是堆积在一起的气体罢了，天地之间到处充满了这种气体，你一举一动、一呼一吸都与气体相通。你整天生活在天地的中间，怎么还担心天会塌下来呢？"

那个杞国人听了，仍然心有余悸地问："如果天是一些积聚的气体，那么天上的太阳、月亮、星星，会不会掉下来呢？"

朋友回答说："太阳、月亮、星星，也都只是一些会发光的气

团,即使掉下来,也绝不会砸伤人的……"

可是,杞国人的忧虑还没有结束,他接着问:"那要是地陷下去了呢?又该怎么办?"

朋友解释说:"大地也不过是土块、石块罢了。这些泥土、石块到处都有,塞满了每一个角落。你可以在它上面随心所欲地奔跑、跳跃,为什么要担心它会塌陷下去呢?"

经过这么一番开导,杞人恍然大悟,这才放心下来。从此以后,他便快快乐乐地过日子了。

在现实生活中,很多人都是"杞人",虽然不像杞人一样担心天塌地陷,但是有很多其他忧虑。只是忧虑的程度不一样,有人不露声色,有人整天愁眉不展,唉声叹气,有人吃不香,睡不着,有人忧虑过度就自杀了。

诺贝尔医学奖得主亚力西斯·科瑞尔博士说:"不知道怎么抗拒忧虑的人都会短命而死,谁不懂得抗拒忧虑的骚扰,谁就不会拥有快乐的人生,一位哲人曾经把忧虑形象地比喻为尾巴摇椅,它可以使你有事可做,但却毫无益处。"你是个忧虑的人吗?你会不会为了明天不会出太阳而忧虑?你会不会为世界末日而忧虑?快停止那些不必要的忧虑吧!

在一些相关资料报道中曾指出,曾有科学家对人的忧虑进行了科学的量化、统计、分析。结果发现,几乎人的100%的忧虑是毫无必要的。统计发现,40%的忧虑是关于未来的事情;30%的忧虑是关于过去的事情；22%的忧虑来自微不足道的一些小事；4%的忧虑是我们改变不了的事实；还剩下4%的忧虑是那些我们正在做的事情。

其实，人生只有三天时间，那就是昨天、今天和明天。未来的事情还未发生，就不停地忧虑，反而会让事情变得更糟；过去的事情已经发生，还去忧虑它又有什么用呢？不但浪费时间，而且让自己在过去里沉沦、纠结；我们现在做的事情，又有什么可忧虑的呢？既然，都不用去忧虑，那我们又何必庸人自扰呢？或许你会问，我们正处在人生的低谷和困苦之际，怎么能不忧虑呢？

耶稣对世人有很多聪明的教导，其中之一就有，"你们不要为明天忧虑，明天自有明天的忧虑；一天的难处一天担当就够了。"而中国人喜欢说："人无远虑，必有近忧。"这当然，这也没错。不过，远虑是无穷尽的，必须适可而止。有一些远虑，可以预见也可以预作筹划，不妨就预作筹划，以解除近忧。有一些远虑，可以预见却无法预作筹划，那就暂且搁下吧，车到山前自有路，何必让它提前成为近忧。还有一些远虑，完全不能预见，那就更不必总是怀着一种莫名之忧自我折磨了。总之，应该尽量少往自己的心里放置忧虑，以保持轻松和光明的心境。

与其杞人忧天，不如坦然面对。这样，你不但会比较轻松，而且会轻而易举地把这些难处解决。反之，如果你把今天、明天以及后来许多天的难处都担在肩上，你不但负担沉重，而且可能连一个难题也解决不了。

　　人生短短数十年，我们应该好好地把握住自己的时间，为什么要忧虑，它值得让我们把自己宝贵的时间浪费在上面吗？这不仅浪费了时间，还给我们带来了令人压抑的情绪，这么宝贵的时间，我们要把它留给那些值得我们去做的事。

　　亨利·戴维·梭罗曾说："如果一个人能昂首挺胸地朝着梦想前进，努力实现他想象的生活，他就会与成功不期而遇。"现代的人对于未来的事忧虑得太多，只会给自己增加精神负担，对于事情的成功，却一点帮助也没有。当事情还没有发生，不必过分地担忧，有时候我们所担忧的，根本不会发生，那么我们所担忧的，岂不是白白浪费心神了吗？所以，世上是没有任何事是值得忧虑的。我们要做的，就是专注于现在所做的事情，快乐地珍惜和感受每一个美好的一天。

## 4. 创造幸福和承受苦难是同一种能力

苦难与幸福是相反的东西，但它们有一个共同之处，它们都直接牵连着灵魂，并且都体现着生命的意义与价值。在通常情况下，我们的灵魂是沉睡着的，唯有幸福和苦难能够唤醒沉睡着的灵魂。幸福可以令灵魂产生巨大的愉悦之情，而这愉悦恰恰源自对生命的美好意义的强烈感受；而苦难则令灵魂产生巨大的震痛，而这震痛源于对生命的根基的撼动，打击了人对生命意义的信心。

加德纳是电影《当幸福来敲门》中的男主人公。他原本有个美满的家庭。有一天，他得到一批骨密度扫描仪的代理权。他以为已经寻找到幸福，没想到全部的投入却变成了沉重的包袱。他不得不奔走在大街小巷，继续追寻他的幸福。他追丢了鞋子，追丢了老婆，但他还是不放弃。

这个绝不放弃的男人，搂着熟睡的儿子，坐在地铁站的厕所里，泪流满面。但他还是努力修好了最后那台仪器，"啪"的一声，仪器的灯光照亮了黑暗，光明就在眼前。

他曾穿着脏乱的衣服面试,他曾穿着一只鞋子办公,但他不放弃,一直牵着儿子的手,不停地奔跑,奔跑——直到幸福来敲门!生活就像他手中的那个魔方,在他不停地旋转下,终于圆满。在这一过程中支撑他的最大动力,除了宝贝儿子外,就是他始终相信:只要今天够努力,幸福明天就会来临。

影片中,加德纳饱受挫折,但是他始终没有放弃。有一天,他停在一辆跑车前面,问车主:"你是怎么做到的?"车主回答说:"你只要懂得数字和人际关系就可以了。"他看了看身后高耸的办公楼和每个人脸上的笑容,又找到了幸福的路标。加德纳成为投资人后,走在人群里,他说:"这短暂的一刻,叫作幸福。"

苦难与幸福是相反的东西,但它们有一个共同之处,它们都直接牵连着灵魂,并且都体现着生命的意义与价值。在通常情况下,我们的灵魂是沉睡着的,唯有幸福和苦难能够唤醒沉睡着的灵魂。幸福可以令灵魂产生巨大的愉悦之情,而这愉悦恰恰源自对生命的美好意义的强烈感受;而苦难则令灵魂产生巨大的震痛,而这震痛源于对生命的根基的撼动,打击了人对生命意义的信心。苦难的价值在于能够把灵魂震醒,使之处于虽然痛苦却富有生机的紧张状态。一个人唯有经历过磨难,对人生有了深刻的体验之后,灵魂才会变得丰满起来,而这正是幸福的最重要的源泉。

苦难是人格的试金石,承受苦难的能力最能表明一个人内在的尊严高贵与否。对于一个遭受失恋的人来说,只要失恋者真心爱恋着那个弃他而去的人，他就不可能不感到极大的痛苦。但是，同为失恋者，有的人因此自暴自弃，一蹶不振，有的人将之视为仇敌，甚至进行打击报复，有的人则怀着自尊和对他人感情的尊重，默默地忍受痛苦，这期间就体现了人格上的巨大差异。一个人对痛苦的态度本身就铸造着自身的人格，不论遭受怎样的苦难，只要他能够始终勉励自己以一种坚忍、高贵的态度来承受苦难，那么，这个人的人格就会得到不断的提升。

以尊严的方式承受苦难，它所显示的不只是一种个人品质，而且是整个人性的高贵和尊严，这种尊严比任何苦难更有力，是世间任何力量所不能剥夺与摧毁的。耶稣以尊严的方式承受着被钉在十字架上的痛苦，因此，他受到人类世世代代的敬仰。

人生中，无法挽回的事太多太多。既然活着，就还须勇敢地朝前走去。一个经历过巨大苦难的人有权利证明，创造幸福和承受苦难属于同一种能力。一个没有被苦难压倒的人是无上光荣的。我们需要的是把痛苦当作爱的必然结果而加以接受，使之化为生命的财富。

一个经历过巨大灾难的人就好像一座经历过地震的城市，虽然在废墟上可以建立新的房屋，开始新的生活，但内心深处却有一些东西已经永远地陷落了。这时候，我们需要遗忘，甚至还需要装作已经遗忘。

在每一个人的心灵中都会存在这样的一条暗流，无论你怎样逃避，它都依然存在，无论你怎样面对，它都无法浮现到生活的表面上来。当生活中的小挫折此起彼伏时，大苦难永远潜藏在找不到意义的沉默的深渊里。如果我们能够认识到生命中的这种无奈，那么，我们看自己、看别人的眼光就会变得宽容多了，再也不会被喧闹、复杂的表面现象所迷惑。

## 5. 只有内心足够强大的人，才能在面对困难时屈伸有度

现代社会中，每个人都承受着诸多的压力，有时候会很脆弱，尤其是还没有经历真正苦难的年轻人，更容易放弃自己的追求。只有内心足够强大的人，才能坦然地面对生活中的一切挑战。而强大的内心则体现在面对苦难，能够做到屈伸有度，即如流水一般柔软，像磐石一样坚硬。

水是至柔的，可以随意改变形态；而磐石则是最为坚硬的，任凭外力如何冲撞打击都会毫发无损。所以，面对人生的苦难，我们应该如流水一般柔软，像磐石一样坚硬。只有这样，我们才能在社会中取得一席之地。

米契尔在46岁的时候，因意外事故被烧得不成人形，他的脸因植皮而变成一块"彩色板"，手指没有了，双腿细小，无法行动，只能瘫痪在轮椅上。这次意外事故把他身上65%以上的皮肤都烧坏了，为此他动了16次手术。手术后，他无法拿起叉子，无法拨电话，也无法一个人上厕所。但以前曾是海军陆战队员的米契尔并没

有因此被打倒，他说："我完全可以掌握我自己的人生之船，我可以选择把目前的状况看成倒退或是一个新的起点。"6个月之后，他果然又能开飞机了！

然而，时隔4年后，米契尔又遭遇了坠机事故，他所开的飞机在起飞时又摔回跑道，把他胸部的12块脊椎骨全压得粉碎，腰部以下永远瘫痪！米契尔仍然不屈不挠，日夜努力，使自己能达到最高限度的独立自主。他被选为科罗拉多州孤峰顶镇的镇长，以保护小镇的美景及环境，使之不因矿产的开采而遭受破坏。米契尔后来也竞选国会议员，他用一句"不只是另一张小白脸"的口号，将自己难看的脸转化成一项有利的优势。

尽管面貌骇人、行动不便，米契尔却坠入爱河，且完成终身大事，同时拿到了公共行政硕士学位，并持续他的飞行活动、环保运动及公共演说。

米契尔的成功使他得以在《今天看我秀》《早安美国》等节目中露脸，同时《前进杂志》《时代周刊》《纽约时报》及其他出版物也都有米契尔的人物特写。

米契尔曾经在演讲中说过："我的人生曾遭受过两次重大的挫折，如果我能选择不把挫折拿来当成放弃努力的借口，那么，或许你们可以从一个新的角度来看待一些一直让你们裹足不前的经历。你们可以退一步，想开一点，然后你们就会发现，其实那也没什么大不了的！"米契尔这样劝慰别人，而他自己也确实做到了这一点。

他在经历创伤的过程中，能够根据自己的实际遭遇，适时调整生活的目标，同时，又凭借自己的坚定的意志去实现新的生活目标，重新去诠释人生的意义与价值。

现代社会中，每个人都承受着诸多的压力，有时候会很脆弱，尤其是还没有经历真正苦难的年轻人，更容易放弃自己的追求。只有内心足够强大的人，才能坦然地面对生活中的一切挑战。而强大的内心则体现在面对苦难，能够做到屈伸有度，即如流水一般柔软，像磐石一样坚硬。

老子说："上善若水。"既弘扬了水的精神，也道出了一种处世哲学：做人应该像水一样，要具有极大的可塑性，因为水性柔而能改变自己的形状而适应变幻莫测的外界变化。水在海洋中就是海洋之形，水在江河中就是江河之形，水在杯盘中就是杯盘之形，水在瓶罐中就是瓶罐之形。我们在面对苦难时，也应该像水一样，至柔之中蕴藏至刚、至净、能容、能大的胸襟和气度。然而，要想战胜苦难，仅仅柔软是不够的，如果在遭遇危难和挫折之时不能坚强地面对，也无法在这个社会上立足。大凡成功者之所以能够在历经苦难后破茧重生，取得非凡的成就，就是因为他们还有着像磐石一样坚强的意志。他们不管遭遇多大的困境，都会坚定自己的信念不动摇，想方设法地解决困难，从而战胜困难，走向成功。

作为年轻人，我们不但要保留心中的那份柔情，而且还要使自己变得坚韧,既不害怕对手的挑战,也不畏惧路途中的艰难险阻。只要我们沉下心来,坚定地凝视远方,在行走中不断地积累和修炼,就一定会逐渐成为一名柔软而又坚韧的强者。

## 6. 从水到冰，这是痛苦而美丽的经历

从水到冰，本身就是一种痛苦的经历。因为失败，我们学会了拼搏；因为伤害，我们学会了爱；因为错过，我们学会了珍惜；因为遗憾，我们学会了抓住身边每一个机遇。每一次痛苦都是一种成长、一种历练、一种收获，不要在痛苦中自我惩罚、自我否定，而要在痛苦中整理自己的心态，带着创伤过后留下的疼痛和成熟继续勇敢地上路。

每个人在生活中都会遇到一些看似无法越过的困难，而柔弱的人可能更容易被困难打倒，从此失去继续生活下去的勇气和力量。人们常用水比喻一个人的柔弱，但是，你要知道，水是可以冻结成冰的，这一过程或许会十分痛苦和艰难，但是，一旦得以凝固，便会拥有强大的力量。所以，在你面对苦痛或挫折时，你必须磨炼自己，让自己获得足以战胜一切困难的能量，当你历经了从水到冰的过程，你想要的一切都会水到渠成自然来。

林木是一家知名报社的编辑，他的工作效率特别高，别人需要

用一天时间完成的版面，他只要半天的时间就能够弄得让人无可挑剔。而且他的文笔也特别好，写起稿件来一点不比社里的金牌记者差，甚至他拍照片也特有感觉，拿手机随手拍出来的作品，常会让人有一种单反大片的既视感。公司里的同事都觉得他是个奇才，领导更是看他一百个顺眼，但是，他现在所拥有的一切能力，都不是与生俱来的，而恰恰是在他的前任公司磨炼出来的。

在这之前，林木在一家小报社当编辑，领导为了节约开支，便把原本应该两个编辑完成的工作都压在他一个人身上，不仅如此，一旦有稿件不足的情况，还会经常要求他写上几篇补版面。有一次，他在排版时，觉得有篇新闻如果配图的话效果可能会更好，便向领导申请去专业摄影师那儿购买相关的照片，价格不到200块钱，但是，领导却沉下了脸："这种事还要花钱？你自己拍一张不就OK了？"从那以后，他便兼职当上了摄影记者，写稿之后，他便拿着相机去拍素材，然后自己编辑，自己规划版面。林木就这样拿着一份微薄的工资，却承担下好几个人的工作。

然而，在林木身兼数职的那段日子中，他并非没有不满，眼看着身边的人的收入都水涨船高，他也并非不会委屈，可是，当家人朋友都劝他换个工作时，他却总是回答"时机未到，再等等"。

3年后，领导看林木一直以来兢兢业业、拼命工作而于心不忍，终于主动提出给他涨薪，他却只是淡淡一笑，然后，向领导递上了一封辞职信。随后，他便出去面试，没想到出乎意料地顺利，十几个应聘者一同上电脑做版面,他第一个完成,而且做得简洁漂亮;让写一段编者按,他写得犀利透彻,入情入理,面试官看他的眼神充满了惊喜与欣赏;他甚至拿出了一大摞自己平日拍摄的适合做新闻配图的照片,虽然这并非是编辑责任之内的事情,但却为他在面试官那里赢得了很高的加分。

就这样,林木在隐忍了两年后,终于等到了这个时机,而当初所有受到的不公和刁难,在今天看来都变成了滋养他的正能量,让他在经历那段暗淡人生后得以闪闪发光。

生活不会因为眷顾任何人而对其手下留情,在我们每个人的人生中,都会遭遇各种挫折和磨难,例如亲人的过世、事业上的挫折、感情上的失败等,会让每个人感到难以承受地痛苦,因此而变得十分脆弱,但这并不代表我们没有能力战胜痛苦与困难。

在遭遇伤痛时,我们的身体往往也会出现一些异样,这时,我们可以通过一些养生手段来调理心情,比如练瑜伽、冥想、丹田呼吸等方法。这些方法对一个人身体和精神的健康都会有很大的帮助,当心中的郁结消散之后,身体也会慢慢地变得健康起来,免疫力也会随之提高,更重要的是,内心也会逐渐变得强大起来。

除了身体上的不适,苦难还会使我们的内心变得混乱而迷茫,让你无法准确地找到人生的价值与定位。在这种情况下,如果能够阅读一些蕴含着深刻思想的经典作品往往会起到很好的疗效作用。在阅读中,你会发现,自己的痛苦并非独一无二,许多人都有着与你类似的经历，听一听前人充满智慧的教诲，会帮助你打开心结，让你对人生产生更深刻的体会。例如，你在阅读一些经典书籍时，看到喜欢的句子就可以抄录在笔记本上，每当心情烦闷的时候就翻开来读一读，而这些笔记就可以成为你的人生指南。阅读可以帮助你得到心灵的慰藉，也能够帮助你找回内心的平静。

从水到冰，本身就是一种痛苦的经历。因为失败，我们学会了拼搏；因为伤害，我们学会了爱；因为错过，我们学会了珍惜；因为遗憾，我们学会了抓住身边每一个机遇。每一次痛苦都是一种成长、一种历练、一种收获，不要在痛苦中自我惩罚、自我否定，而要在痛苦中整理自己的心态，带着创伤过后留下的疼痛和成熟继续勇敢地上路。

生活中，人们往往容易因为遭遇挫折而对自己失去信心，或者对未来变得迷茫。如果你真的认定现在的状态不是自己想要的，那么，就不要勉强，不妨给自己放一个假，来个"间隔周"或"间隔月"或"间隔年"，到处走一走，看一看不同的风景，也许，在旅行的途中，你就能够找到自己真正想要的东西。这种通过旅行寻找自我的做法是一直都存在的，古代的文人在仕途失意时，往往会休养生息一段时间，或是隐居山林，或是游历四方，待到有利时机再重返仕途，蛰伏后的复出往往会创造出自己人生的巅峰。旅行确实可以使人心中的闷气得到疏散，并重新获得对生活的热情和对未来的希望。

## 7. 水滴石穿，你的人生没有"不可能"

如果说成功真的有什么秘诀，其实就是在绝望中怀揣希望和信念，用点滴的努力去实现自己的理想和目标。正如东汉著名史学家班固所说："一日一钱，十日十钱。绳锯木断，水滴石穿。"水滴之力微不足道，却能穿透石块。这看似不可思议的事情由于毅力的支撑而变成了现实。成功，靠的就是这种滴水穿石的精神。

据说，在这个世界上，只有两种动物能到达金字塔顶：一种是鹰，还有一种就是蜗牛。老鹰和蜗牛，它们是如此不同：鹰矫健凶狠，蜗牛弱小迟钝；鹰有一对飞翔的翅膀，而蜗牛背着一个厚重的壳；鹰性情残忍，捕食猎物甚至吃掉同类从不迟疑；蜗牛善良，从不伤害任何生命。它们从出生之日起，就注定了一个在天空翱翔，一个只能在地上爬行，是完全不同的动物，唯一相同的就是它们都能够到达金字塔顶。鹰能到达金字塔顶，归功于它有一双善飞的翅膀，正是因为这双翅膀，鹰才能成为最凶猛、生命力最强的动物之一；蜗牛能到达金字塔顶，主要是靠它永不停息的执着精神，蜗牛虽然爬行极其缓慢，但是，每天坚持不懈，最终还是能够登上金字塔顶。

在我们中间，大多数人都是蜗牛，只有一小部分人能有幸拥有优秀的先天条件，能够成为鹰。但是，先天的不足，并不能成为你自暴自弃的理由。因为，没有人注定命中不幸。要知道，在攀登的过程中，蜗牛的壳和鹰的翅膀，起的是同样的作用。可惜，生活中，大多数人只会羡慕鹰的翅膀，很少在意蜗牛的壳。所以，当你处于劣势时，无须心情浮躁，更不应该抱怨、颓废，而应该静下心来学习蜗牛的精神，每天都能进步一点点，那么，终有一天，你也能登上成功的"金字塔"。这就是水滴石穿的力量！

有一个孩子，他从小就喜欢玩石头，只要一有空，他就跑到山上或河滩上寻找稀奇古怪的石头。只要一回到家里，他就把自己关在屋子里，一遍又一遍地观赏和抚摸着那些捡来的石头，并用心聆听它们的低声细语。他觉得石头也是有生命的，它们的心中也有许多别人不知道的秘密。

对于这个爱好，他的父母刚开始以为他只是一时兴起，也许用不了多久就会玩腻，因此，并没有怎么在意。可是，一年又一年过去了，他的兴趣爱好却始终没有改变，眼看着院子里和墙角处的石头越堆越多，越码越高，他的父母开始着急起来。毕竟，在父母看来，读书、上大学才是正道，玩石头能玩出多大的前途呢？于是，他们千方百计地想要阻止孩子玩石头，将他捡回来的石头全部扔到了附近的山谷里，还狠狠地骂了他一顿。

但是，没过几天，他又悄悄地将那些石头背了回来，藏在一个更加隐秘的地方。他就像着了魔一样，无论大人怎么教育，怎么胁迫，他对石头还是一如既往地狂热。随着年龄的增长，他对石头的颜色和形状已没了多大的兴趣，开始转向研究石头的形成、结构、质地等。不过，由于他缺乏专业的知识，又没有相关的仪器和设备，所以走了不少弯路，浪费了不少时间。于是，有人嘲笑他说："算了吧，你只是一个普通人，再怎么努力，也成不了科学家，还不如把精力用在其他方面。"对此，他只是一笑置之。高中毕业，他没有考上大学，只好去了一家建筑公司打工。

业余时间，他仍然喜欢研究石头，还买了不少这方面的书籍，渐渐地，他也玩出了一些门道。有一次，一个工友好奇地问他："你玩这个有用吗？也没见你赚到什么钱。"他只是淡淡地笑了。

功夫不负有心人，经过多年的努力，他不仅能够一眼认出一块石头产自哪里，质地如何，有多重，而且还能看出其中含有什么矿物质。有一年，他去缅甸旅行，看到一群人正在赌石，他立刻被这种交易吸引了，并将身上所有的钱押了上去。从那以后，他成了赌石场的常客，凭着敏锐的直觉和多年来对石头的研究，他几乎战无不胜，很快就成为富甲一方的商人和鉴赏界的大腕。

如果说成功真的有什么秘诀，其实就是在绝望中怀揣希望和信念，用点滴的努力去实现自己的理想和目标。正如东汉著名史学家班固所说："一日一钱，十日十钱。绳锯木断，水滴石穿。"水滴之力微不足道，却能穿透石块。这看似不可思议的事情由于毅力的支撑而变成了现实。成功，靠的就是这种滴水穿石的精神。

然而，在生活中，很多人总是心甘情愿地被各种各样的"不可能"束缚着手脚，不敢越雷池一步，或是因为胆怯于生活中的挑战，或是对自己的能力没有信心，又或是失败的经历让自己心灰意冷。如此一来，所谓的理想和信念早就被抛于九霄云外，生活中最后剩下的只是平庸和无奈。

其实，生活不可能总是一帆风顺，当你屡遭打击或是不断地努力仍然无法得到回报时，你不妨坚定信念，告诉自己：滴水可以穿石，只要持之以恒地努力付出，人生就没有"不可能"。

相对于世界，个人的力量显得是那么微不足道；相对于挫折，个人的意志显得是那么不堪一击。可是，再小的步伐也是一种前进，再微弱的力量也是一种努力，只要不在困难面前主动臣服，只要不在打击面前哀春伤秋、悲叹绝望，就是再坚固的顽石也会被滴穿。只要我们一点一滴地朝同一个方向努力，日复一日，年复一年，持之以恒，最后，就一定能够叩开成功之门！

# 第四章
## 上天自有公平，你的努力终将成就无法替代的自己

上天是公平的，不要抱怨自己命运不济。别人之所以看起来比你更幸运，那是因为别人比你更努力。你只要想清楚了什么样的生活才是你真正渴望的，是你真正想要拥有的，就应该大胆地去追求，就应该通过努力去打造属于自己的强者之路，就应该狠逼自己一把，全力以赴地做好眼前的事。当你真正地竭尽全力时，上帝自然会出来主持公道；当你静下心来专注于你的事业时，成功就会主动向你靠近了。

## 1. 没有伞的孩子，只能努力奔跑

遇到困境并不可怕，可怕的是我们失去自信和斗志。请你学会欣赏自己，鼓励自己并且相信自己。怀着一颗充满希望的心，是披荆斩棘、迎面而上的法宝，心情晴朗，世界就美好，即使遇上再大的风雨，我们也要坚信，风雨过后会看见彩虹。

在现实生活中，我们绝大多数人都是没有伞却刚好碰到大雨的孩子。没有伞，是指我们都很平凡，既不具天赋，又没有显赫的家世。我们的父母只是普通人，无法给我们遮风避雨的伞，我们在人生的路上碰到的雨都会比别人大一些。这时，我们无须抱怨，你要清楚地明白这个道理：没有伞的孩子，只有在雨中努力奔跑，才能尽快摆脱困境，收获一个你想要的人生。那些抱怨自己命运不济的人其实不明白，别人之所以看起来比你更幸运，那是因为别人比你更努力。

赵雅是出版圈一个知名的出版人，她的成功靠的就是日积月累的勤奋和努力。

赵雅是个农村女孩，大学毕业后，便只身一人来到北京。她费了九牛二虎之力挤进了一家出版公司，做了一名小编辑，那时的她，连电脑都还有些用不明白，除了能认错别字，其他什么业务都不懂。后来，她眼勤手快，跟着前辈学，不懂就问，慢慢积累了很多行业知识。她努力让自己更加扎实，别人看一部稿子两三天就看完了，她一般要多看一两天。出去见作者，她有时候会带上封面设计师，让他们见见面，好让设计师更加深入地理解作品。

她总比别人要付出多那么一点。慢慢地，她的业务能力也随之提高了，只要是她想联系上的作者，她就一定敢打电话四处询问，拿到联系方式。再大牌的作者，她都能不卑不亢地和对方交谈，她不但会把销售前景、稿费条件讲得很清楚，有时候甚至会把将来这本书用到的纸张的品种和克数告诉对方。她这样一个认真负责的人，使得很多作者都愿意信任她并与之合作。

久而久之，她开始受到老板重视，工资也慢慢涨了起来。而且，她还是一个特别能吃苦的人，通常情况下，她一个月要出很多次差去见作者，公司为了节约开支，给她订的都是很早的航班，而她家距离机场又很远，每次出差，她后半夜几乎都睡不了觉，就要往机场赶。但是，她并没有因此而抱怨不止，还把这当作一种生活情趣，她的微博状态永远是在机场用早餐，配以各个机场日出景色的照片。

现在，每年，赵雅的作品都有好几本在排行榜上，其绩效提成自然是源源不断，并在出版圈小有名气。

有多少年轻人像赵雅这样，在异地工作，忍受着孤独、寂寞，下雨了没人送伞，开心的事没人可以分享，难过了没人可以倾诉。可是，他们为了心中的梦想，就这样努力地走过人生的每一个季节，其中的冷暖，只有他们自己知晓。然而，他们硬是凭借这股义无反顾的拼劲，拼出了一片属于自己的天空。

当然，拼搏的过程是很难熬的，但是，前景是光明的。虽然会很辛苦，但是，以后的日子会活得越来越轻松。看看你身边的那些成功人士，他们都是些有眼光、有胆识、勇往直前的人。他们的性格都很踏实、沉稳，做人大方，知恩图报，有眼力见儿。他们从不急于求成。他们坚信奋斗能够改变人生，成功一定有方法。他们都是聪明人，很容易一接触到新鲜事物，就清楚那个行业圈子的门道。

所以，如果你没有伞，那就努力奔跑吧！时间一长，总有一天，当你站在人生顶峰的时候，你会感谢曾经奋斗的自己。看过《阿甘正传》的人都会熟悉那句经典台词："人生就像一盒巧克力，你永远不知道自己会遇到什么。"阿甘从小到大都在努力奋斗：小时候为了躲避其他孩子的欺负而努力奔跑，后来因为跑得快而进了大学橄榄球队，再后来跑进了全美明星受到美国总统接见，再后来到了越南战场，在硝烟烈火中跑着救出了战友，然后被授予荣誉勋章……

其实，遇到困境并不可怕，可怕的是我们失去自信和斗志。请你学会欣赏自己，鼓励自己并且相信自己。怀着一颗充满希望的心，是披荆斩棘、迎面而上的法宝，心情晴朗，世界就美好，即使遇上再大的风雨，我们也要坚信，风雨过后会看见彩虹。

羽泉有一首歌叫《奔跑》："随风奔跑自由是方向，追逐雷和闪电的力量，把浩瀚的海洋装进我胸膛，即使再小的帆也能远航……"想来，它正好契合人生的状态，人生就像在雨中奔跑。奔跑的途中，不要抱怨人生的不公，不要埋怨生活对你亏欠太多，害得你可怜兮兮地淋着雨，因为靓丽的人生必须要靠自己去争取。虽然有时候努力了未必能获得收获，但不努力就一定得不到任何成就。

## 2. 别怕去冒险，坚持下去就会有收获

当两条路横亘在我们面前的时候，我们只要选择一条就行了，甚至无须犹豫不决、伫立良久，不管是很多人走过的路，还是少有人走的路。只要我们勇于坚持走下去，我们就能看到不同的风景，拥有不同的收获。只要我们坚持走得足够久，我们就能够到达别人没有到过的地方，走出别人没有走出的距离。即使当我们看到了路的尽头，我们也不要停下脚步，因为也许在尽头处，路又有了转角，而转角过后，我们又会走出一条崭新的道路。

在一个著名的摄影师的讲座上，摄影师发表了一段精彩的演讲之后，按照惯例进入了问答阶段。

这时，一个羞怯的男孩站起来向摄影师诉说了自己的困惑。他自我介绍说，他是一个理工毕业生，即将面临择业，他想毕业以后可以去做摄影助理的工作，将来做个摄影师。但是，却遭到他的父母等一些亲人朋友的强烈反对，因为在他们看来，摄影工作听起来不是一个靠谱的职业，而他自己也不确定自己选择的这条路是否走

得通，所以，他很困惑是否应该迈出这一步……

摄影师笑了，说："我能理解你现在的处境。因为很多年前，我也曾像今天的你这样站在人生的十字路口，面临着选择。我和你一样害怕冒险，不知道做了这个选择将来会发生什么，万一是一个错误的选择，那该怎么办呢？那时候的我，也特别希望有一个人能给我一个答案，给我一个画面，告诉我，如果我作了这个决定，10年以后我会在哪里生活，做着什么事情，过着怎样的生活，和什么样的人结婚生子……但遗憾的是，没有人能够给我这个明确的答案。"

那个男生羞得满脸通红，并点了点头。因为这个摄影师对他所说的话，和他身边的亲人朋友说的都不一样。他的父母一直希望他和同龄人一样去考公务员、考研究生，或者找一家听上去很好的单位，在30岁以前结婚，再接着要孩子……这样的生活，自然没有什么好害怕、担心的，但是，现在的问题是，他有一些自己的想法和目标要实现，而这些想法和目标又不被人支持、理解，由此就会产生恐惧，这种恐惧是来自对未来的不确定。

摄影师又接着对这个年轻人说："如果你想听从我的建议，那么，我想告诉你，年轻人，别怕去冒险，勇敢地去追逐你的梦想。因为你刚才所说的恐惧、混乱、不确定、梦想、害怕挫折，都是属于青春的东西，它们都是弥足珍贵的，你应该拥抱它们！因为它们总有一天会一去不复返！说实话，我羡慕你此刻的恐惧，那说明你还有大把的时间。我现在已经50多岁了，我早已失去了那份害怕，我已经完全知道了人生中大概会发生些什么事情。我所能冒险的事情已经微乎其微了！我是多么愿意满怀激情地回顾当年那个充满恐惧的我。所以，年轻人，冒险是你的特权，带着你的恐惧，勇敢地享受它吧！别等到有一天，你发现你最珍贵的时光都已经消失了，而你还有好多事情没有去做！那会是多么大的遗憾！你一定要记住，人生不怕冒险，只怕错过！"

这时，掌声响起一片，而这位年轻人早已泪流满面！

人在重大选择之前的恐惧和不安，相信每一个年轻人都曾经历过。就像这位摄影师所说的："人生不怕冒险，只怕错过！"所以，不管你选择什么样的工作和人生，最重要的是不要让自己后悔。你只要想清楚了什么样的生活才是你真正渴望的，是你真正想要拥有的，那就大胆地去享受那份恐惧，拥抱那份恐惧，大胆地去冒险吧！

人生总是要面临各种选择。有些选择高下立分，比较容易决断，比如要不要上大学，相信大部分人都会选择上大学。但是，有些选择利弊难分，又涉及了人生转折，一次选择可能改变一个人一生的去向。那么，在面对这样的选择，我们又该怎么办呢？

首先，在做选择时，我们要顺从自己的内心，而不要在乎别人怎么说、怎么看。做一件自己从内心喜欢并且能够带来喜悦的事情，才会让人真正拥有幸福感和成就感。然而，在现实生活中，我们做选择的时候往往会存在这样一个误区，就是太注重外在世界的感受，却忽略了自己内心的真实想法。例如，我们常常在做选择时自问："我这样做别人会怎么看我？我那样做是否能够挣到更多的钱？"但是，我们却很少问问自己，这是否是我们真心喜欢做的事情，这件事情是否符合我的人生观和价值观，这件事情是否能够让我满怀激情地投入其中。

其次，一旦做出选择就不要再有所犹豫，在一条路上坚持走下去，通常都会有一个好的结果。曾经有一个老人坚持买一个号码的彩票，坚持了10年没有改变，终于有一天，他中了五千万元的大奖。其实，选择以后坚持走下去的成功概率往往要比买彩票中大奖的成功概率要高得多。当你坚持做一件事情，你就会积累更多的知识、更多的经验、更多的资源，最后也就更有可能成功。很多年轻人大学毕业后到了工作单位，不去琢磨如何把一件工作做到极致并从中有所收获，而是一不高兴就频繁换工作，最终，工作换了很多，却把认真做事情的心情换没了。长此以往，就注定了这个人一辈子就只能浅薄工作，浮夸生活，感受不到深入工作取得成就的乐趣。

最后，不要在选择上浪费太多的时间。人生很多美好的机遇都在犹豫不决和左右徘徊中与你擦肩而过。我们生活中的很多选择没有高下之分，像考研还是工作这样的困惑，如果实在犹豫不决，就交给天意，拿个钱币随意一抛，正面考研反面工作，一分钟就决定了。结果是好还是坏，让老天来决定，你只需要在决定后一心一意地走下去就好了。如此决定人生大事，可能看似有些荒唐，但是，在你无法做出决策的时候，肯定就是因为这两者各有利弊，所以才让你无法权衡，这时，其实你无论做出任何决策，只要坚持走下去就一定不会出错。与其在那儿原地不动地白白浪费时间，不如尽快作出决定而冒险前行，即使前路坎坷，也要比原地踏步强得多。

当两条路横亘在我们面前的时候，我们只要选择一条就行了，甚至无须犹豫不决、伫立良久，不管是很多人走过的路，还是少有人走的路。只要我们勇于坚持走下去，我们就能看到不同的风景，拥有不同的收获。只要我们坚持走得足够久，我们就能够到达别人没有到过的地方，走出别人没有走出的距离。即使当我们看到了路的尽头，我们也不要停下脚步，因为也许在尽头处，路又有了转角，而转角过后，我们又会走出一条崭新的道路。

## 3. 你的努力，是可以改变未来的力量

大发明家爱迪生说："我从来不做投机取巧的事情。我的发明除了照相术，也没有一项是由于幸运之神的光顾。一旦我下定决心，知道我应该往哪个方向努力，我就会勇往直前，一遍一遍地试验，直到产生最终的结果。"

在追求成功的道路上，唯有通过努力，才能去打造属于自己的强者之路，才能真正改变自己的未来。

有一个年轻人，因为家贫没有读多少书，他去了城里，想找一份工作。可是，他发现城里没人看得起他，就在他决定要离开那座城市时，他给当时很有名的银行家罗斯写了一封信，抱怨了命运对他的不公……就在他用完身上的最后一分钱，打包好行李准备离开旅馆那天，罗斯寄来了回信。信中，罗斯并没有对他的遭遇表示同情，而是在信里给他讲了一个故事。

对于鱼类而言，鱼鳔掌控着鱼的生死存亡。鱼鳔产生的浮力，使鱼在静止状态时，能够自由控制身体处在某一水层。此外，鱼鳔

还能使腹腔产生足够的空间,保护其内脏器官,避免水压过大,内脏受损。可是,在浩瀚的海洋里,有一种鱼却是惊世骇俗的异类,它天生就没有鳔!而且,更让人惊奇的是,它早在恐龙出现前3亿年前就已经存在地球上,至今已超过4亿年,它在近1亿年来几乎没有发生任何改变。它就是被誉为"海洋霸主"的鲨鱼!英雄式的鲨鱼用自己的王者风范、强者之姿,创造了无鳔照样称霸海洋的神话。那么,究竟是什么让鲨鱼没有了鳔还能在水中活得游刃有余呢?经过科学家们的研究发现,由于鲨鱼没有鳔,一旦停下来,身子就会下沉,所以,它只能依靠肌肉的运动,永不停息地在水中游动,从而使其保持了强健的体魄,练就了一身非凡的战斗力。

最后,罗斯在信中说:"这个城市就像一片浩瀚的海洋,而你现在就是一条没有鱼鳔的鱼……"

那晚,这个年轻人躺在床上,久久不能入睡,一直在想罗斯的话。于是,他改变了决定。

第二天,年轻人便请求旅馆的老板说,只要能给他一碗饭吃,他可以留下来当服务生,一分钱工资都不要。旅馆老板见到竟然有这么便宜的劳动力,就很高兴地收留了他。

10年后,这个年轻人拥有了令人羡慕的财富,并且娶了银行家罗斯的女儿,他就是石油大王——哈特。

作为年轻人,只有具有鲨鱼那样的毅力,永不停息地努力奋斗,最终才有可能像哈特那样,从一个只为挣一碗饭而维持生存的服务生摇身变成具有倾城财富的石油大王。

在追求成功的道路上,最忌"一日曝之,十日寒之""三天打鱼,两天晒网"。无论你具有怎样的天赋,成功都是在踏实中一步一步、一年一年地积累起来的。数学家陈景润为了求证哥德巴赫猜想,用过的稿纸几乎可以装满一个小房间;作家姚雪垠为了写成长篇历史小说《李自成》,竟耗费了40年的心血。

然而,在当下,很多年轻人都变得浮躁起来,他们不想着如何去努力奋斗改变命运,而总想着投机取巧,最终只能落得个"赔了夫人又折兵"的悲惨结局。俗话说,"滚石不生苔""坚持不懈的乌龟能快过灵巧敏捷的野兔"。如果一个人能每天学习一小时,并坚持12年,那么,他所学到的东西,一定远比坐在学校里混日子的人所学到的多。

人类迄今为止,还不曾有一项重大的成就不是凭借坚持不懈的精神而实现的。大发明家爱迪生也如是说:"我从来不做投机取巧的事情。我的发明除了照相术,也没有一项是由于幸运之神的光顾。一旦我下定决心,知道我应该往哪个方向努力,我就会勇往直前,一遍一遍地试验,直到产生最终的结果。"

要成功,就要持之以恒,并从最困难的事做起。有一个美国作家在编辑《西方名作》一书时,应约撰写102篇文章。这项工作花了他两年半的时间。加上其他一些工作,他每周都要干整整7天。他没有从最容易阐述的文章入手,而是给自己定下一个规矩:严格地按照字母顺序进行，绝不允许跳过任何一个自感费解的观点。另外，他始终坚持每天都首先完成困难较大的工作，再干其他的事。事实证明，他这样做确实是行之有效的。

一个人如果要成功，就应该从小事入手，然后，坚持不懈地奋斗下去，那么，总有一天你会看到胜利的曙光！

## 4. 不逼自己一把，永远不知道自己有多出色

有时候，你不逼自己一把，永远不知道自己有多出色。千万不要去抱怨，抱怨也不能让你看起来过得更好。如果真的想要打败命运，就要咬紧牙关想想如何翻盘。对于那些注定会成功的人，即使给他一个煎饼摊，他也会不遗余力地去将这个煎饼摊最大化利用。留意你身边的一切资源，利用你身边的一切资源，摆正心态，更不用去管别人的看法。

如果你不幸出生在一个没钱、没权的家庭，你可以尽情去抱怨，但是，无论如何，你也无法改变你的家庭出身。但是，如果你因此而自暴自弃或者不努力，那么谁也不能帮你。

你如果想改变现状，没有别的更好的办法，唯有狠逼自己一把，不断努力，而且，还必须付出比常人更多的汗水和努力，才有可能摆脱终身贫穷的命运。

有一个出生在东北一座小城市的女孩，虽然家境不是很富裕的那种，但也算得上丰衣足食。然而，在她小学毕业的那一天，她在

放学骑单车回家的路上，被大卡车撞了，命大没落下残疾，大腿骨折缝了24针。也正是从那时起，她的悲剧命运就开始了。

还没等她痊愈出院，她的父母就离婚了，这是她人生真正意义上的第一个打击。然后，她被判给了她的父亲。就在她读中学一年级时，她的母亲又突发脑溢血去世，这是她人生中的第二个打击。

父亲带着她度过了一段艰难的日子，但至少一切都算平静。她的学习成绩一直还可以，结果，那次高考考得一塌糊涂，最后去了北京一所民办大学。这是她人生的第三个打击。

大学刚读一年，他的父亲突发心脏病去世，连句话都没留下来，她回家只看到了父亲的遗体。这是她人生的第四个打击。

由于失去了经济来源，她没办法继续读书，她在北京找了份工作，实习期一个月只有800块。她在网上认识了一个男孩，两人后来就同居了。结果，那个男孩变心了，就把她赶了出去，她走投无路，口袋里只有2块钱，但她从来没有想到过死。有时候，她一周都在吃方便面，改善生活就是加颗蛋，她还笑着告诉别人她是在减肥。

那时，她的几个朋友都在读书，大家拿出生活费一起凑了些钱，也不是很多，大概只有几千块，但是帮她渡过了难关。然后，她自己又重新租了个房子，这时工作已经转正，每月1500块。她就这样开始了职业生涯。

她先后换了很多次工作，谈了几段恋爱，一个外地人在北京，没有高学历，也没有任何关系背景，没去做过任何违法犯罪的事情，就靠着自己的血肉之躯，坚强地活下来了。

现在，女孩贷款在燕郊买了个小户型的房子，虽然不大，但钱是自己赚来的，从一无所有到现在有了真正意义上的在北京的家。她后来嫁给了一个不错的男孩，虽然那个男孩也没有太多钱，但很疼爱她。她现在已经熬到管理层，月薪过万，而她，也渐渐找到了自己的人生定位。

也许在很多人眼中，她不过就是偌大的北京城中最普通的一个打工族，但是对她自己来说，她却通过自己的努力与坚持，改变了自己的命运。人生就像滚雪球一样，当资本累积到一定程度的时候，你后面的路也就会平顺得多。

其实，穷并不可怕，可怕的是穷还拉不下来脸。怕只怕你一心只想着为什么别人可以衣来伸手、饭来张口，自己却不可以。无论你是哭是闹还是不平衡，你终究就是不可以。虽然你无法选择出身，但老天却赋予你改造命运的能力。所以，你能做的就是努力改变这样的命运，不要总想着去跟别人比。中国老百姓有句俗话说得好："人比人得死，货比货得扔。"所以，你只跟你自己比就好了。如何能让自己成为一个成功的人，如何才能让自己超越曾经的困境，这才是硬道理。何况不是所有的成功都能一蹴而就，不公平当然存在，哪里都存在。但是，还有那么多赤膊在翻滚的人，你只看到了他们后来的成就，却没看见别人曾经付出的艰辛。

白手起家的例子不胜枚举。但是，在这些人身上都有一个共同点，他们都能有一种"大不了一无所有"的豁出去的心理。他们都特别谦虚、勤快、周到，会察言观色，会不断学习，暗暗完善自己，然后找机会一鸣惊人。他们不会把目光盯在"别人为什么有"上面，而是盯在"我怎么样才能有"上面。他们不会慨叹命运，不会埋怨父母，他们只会不断尝试，即使失败也从不气馁。他们相信，只要还活着，就有翻盘的机会。

有时候，你不逼自己一把，永远不知道自己有多出色。千万不要去抱怨，抱怨也不能让你看起来过得更好。如果真的想要打败命运，就要咬紧牙关想想如何翻盘。对于那些注定会成功的人，即使给他一个煎饼摊，他也会不遗余力地去将这个煎饼摊最大化利用。留意你身边的一切资源，利用你身边的一切资源。摆正心态，更不用去管别人的看法。

## 5. 没有人可以一步登天，要先将小事做得不简单

世界上所有的成功者，他们与我们都做着同样简单的小事，唯一的区别就是，他们从不认为他们所做的事是简单的小事。很多时候，一件看起来微不足道的小事，或者一个毫不起眼的变化，就能对你的成功起到关键的作用。

如果成功有捷径可走，那就是"小事全力以赴"！所谓的"小事全力以赴"就是：选一件经常做的小事，以 3 倍的心力彻底做到最好。这个简单的法则，可以改变你的眼界和人生舞台，为你带来卓越的人生态度与成就！

日本人气经理顾问小宫每天到公司上班，第一件事就是打扫公司的厕所。13 年来，这项工作从未间断。在他看来，越是一般人看起来简单、不起眼的小事情，就更应该以执着的态度好好做。正是这样的工作态度与人生观，使他从银行的小职员一路成长为独当一面的经理顾问。不可思议的是，只要保持这样的态度，人生的视野与舞台就会截然不同。"做好小事，好事自然就来"，小宫的这句

口头禅也因此成为日本企业家的共同口头禅。

世间之大事无不是由小或积或延或变而来的，这样的道理或许人人皆知。然而，如今仍有人轻视自己身边的小事，仍不相信那些"没什么大不了"的小事对于造就一个成功者会具有巨大的影响。

我们每个人所做的工作，都是由一件件微不足道的小事组成的，但我们不能因为它小就忽视它。事实上，世界上所有的成功者，他们与我们都做着同样简单的小事，唯一的区别就是，他们从不认为他们所做的事是简单的小事。很多时候，一件看起来微不足道的小事，或者一个毫不起眼的变化，就能对你的成功起到关键的作用。

汪俊毕业于某正规中专学院的财会专业，毕业后，他不顾家人的反对去一家快递公司做了快递员。虽然只是简单收发邮件，汪俊却是十分认真地对待自己的工作。他戴着厚厚的眼镜，每天接送快递都穿着西装打着领带，就是在很热的天气里也要穿着衬衣，大多是白色的，领口扣得很整齐，始终穿着皮鞋，而且擦得很亮。说话时，脸会微微地红，有些羞涩，不像他的那些同行，穿着休闲装平底鞋，方便楼上楼下地跑，而且个个能说会道。他在接收快递时，总要再三核对好相关信息，确认无误后才肯发件；在送快递时，也要先确认签收人的身份，又等着接收者打开，看其中的物品是否有误，然后才肯离开。所以，他接送一个快件，花的时间往往要比其他人多一些，由此一来，他赚的钱也不是太多。很多熟悉他的客户,都笑他太笨,觉得这个行业真不是他这样的笨小子能做好的。

有一次,有一位客户跟他开玩笑说:"你老穿这么规矩,一点都不像送快递的,倒像卖保险的。"他认真地说:"卖保险都穿那么认真,送快递的怎么就不能?我刚培训时,领导说,去见客户一定要衣衫整洁,这是对对方最起码的尊重,也是对我们职业的尊重。"那位客户继续打趣他:"对领导的话你就这么认真听啊?""听领导的话当然要认真!"他根本不介意客户是在调侃他,依旧这样认真地解释。那位客户无奈地笑了笑,心想:"他大概是这行里最听话的员工吧!这么简单的工作,他做得比别人要辛苦多了,可这样的辛苦,最后能得到什么呢?虽然他看起来信心百倍,但是,他这么笨的人,想发展实在不太容易了。"

果然,汪俊的快递生涯一做就是两年。两年里他除去换了一副眼镜,衣着和言行基本上没有变化,工作态度依旧认真,从来没听到他有任何抱怨。所不同的是,有越来越多的客户与他签单,时不时还会有客户给这家快递公司打电话,夸赞这个小伙子做事认真,那些昔日暗地里嘲笑他的同事对他也更是刮目相看。更为重要的是,汪俊两年来的工作态度与业绩都被老板看在眼里,记在心里,在年终总结大会上,老板为汪俊颁发了"优秀员工奖",而且还提升他为分公司的经理。

由此可见,成功常常出自平凡,要想成就大事必须先做小事,高楼大厦是靠一砖一石一层一层地建造起来的。

"大事可以想，小事必须做"，这是成就大事者常用的手段。世界上许多善于处世的人，无一不是在平凡的岗位上从小事做起以成就一番事业的。只有这样，才会有持续发展壮大的基础，那些靠投机取巧起家的暴发户来得快，去得也快。

没有人可以一步登天，如果你能够认真地对待每一件事，把那些平凡的小事做得很好，那么，你的人生之路就会越来越广，成就大事的愿望就一定能够实现。

初入职场时，不要太想着自己屈才了，只有把小事做到极致地好，才是基础，也是门面，更是一种信心。把一件简单得不能再简单的事情做到极致，做到卓越，是一种扎实的能力，当你发现，这种扎实的能力扎实到你笑起来都很有底气时，那么，你想做的大事便会水到渠成。

## 6. 你竭尽了全力，上帝自会主持公道

奋斗不是让你上刀山下火海、闻鸡起舞、头悬梁锥刺股。奋斗就是每天踏踏实实地过日子，做好手里的每件小事，不拖拉、不抱怨、不推卸、不偷懒。只有通过每一天一点一滴的努力，才能汇集起千万勇气，带着你的坚持，引领你到你想要到的地方去。

经常听到有年轻人抱怨说，自己大学读错了专业，错失了自己的最爱；工作上各种不顺心，辛苦奔波不过是表面光鲜而已；自己对未来一片迷茫，不知道该怎么办才好？对于这样的问题，基本没人能给出答案。在这个世界上，几乎没什么人大学读对了专业，又恰好做着自己所爱的工作，领导重视，同事关爱，清闲并且工资高。如果说非要追究出个答案来，那就是接受现实，竭尽全力去拼搏，向着你想要做的事情、你想去的地方努力。当你真正地竭尽全力时，上帝自然会出来主持公道。

在这里，有三个年轻人的励志故事：

第一个故事：

他，是一名普通网络维修人员，从小父母离异，他跟外公一起生活，他几乎每天都要工作到半夜 12 点多，因为过了 12 点有一小时 100 块钱的加班费。而且，在业余时间，他还在刻苦学习，准备考雅思。很多同事都嘲笑他，一个普通的网络维修工，凭什么考雅思，简直是白日做梦。可是，出人意料的是，他考过了雅思，也拿到了 offer，并准备去新西兰读书。其实，考过了雅思，他可以选择去更好的国家的，原来，他的女友在新西兰，他想过去陪她。但是，如果单纯陪读的话，他担心他们之间慢慢地会有差距，所以，他要考过雅思再去找她，这样，他们之间的距离就不会太远。

第二个故事：

一个在电梯里工作的电梯工女孩，每天在电梯里上上下下，穿得很土，不化妆，扎一个马尾，一个水杯，手里一本英文书。从最开始的高中课本，然后慢慢变到大学课本，四六级，考研，托福。谁都没有在意过她在学什么，她在看什么，她是什么背景，她住哪里，工资多少，她有什么梦想，她学这些想要干什么，她除了学这个还在学什么。楼里的居民有时候还会把家里看过的杂志送给她，大概是觉得，只要是有字的东西，对一个电梯工来讲，就能用来学习吧。后来，她真的实现了她的梦想，她终于也能像那些白领一样，穿着职业套装，穿梭于豪华商厦之间。

第三个故事：

一个农村姑娘，从小到大没出过县城，来北京做保姆。家务之余,她刻苦读英文,学普通话,上夜校,读自考。后来,这姑娘真的当了对外汉语老师,专门给没有很多钱,但是又需要中文辅导的外国学生做老师,她不挑活,大小钱都赚,自己又节省,后来买了一辆小QQ,这样能更快地穿梭在城市中,给更多的学生上课,省下路费和时间。令人惊奇的是,姑娘还开了个早点摊,每天卖豆浆、鸡蛋和烧饼,同时还卖玫琳凯。

这三个普通青年,他们没学历、没背景,他们连选错一个大学专业的机会都没有,他们连什么叫"对口专业"都不知道,他们连让高素质强人打击的机会都没有。他们想要的,也许只是你我唾手可得的东西;他们拼命努力赚得的钱,也许是我们开口就能从父母手里拿到的数字;他们来到这个城市之初,卑微得所有人都看不见。但是不要紧,他们看得见他们自己,他们竭尽全力去努力时,上帝都被他们折服了。

现在的年轻人太想要一夜成名,一夜暴富,一件事坚持3个月没有结果,就开始抱怨上天不公,没有伯乐。有没有人看看考拉博客的最后一页,你眼中的成功人士、励志达人的她,是从哪年哪月开始奋斗的?什么是奋斗?奋斗不是让你上刀山下火海、闻鸡起舞、头悬梁锥刺股。奋斗就是每天踏踏实实地过日子,做好手里的每件小事,不拖拉、不抱怨、不推卸、不偷懒。只有通过每一天一点一滴的努力,才能汇集起千万勇气,带着你的坚持,引领你到你想要到的地方去。

在这个世界上,没有所谓的绝对公平,我们每天的小抱怨,只能像自来水管没拧紧一样,滴答滴答地流出来,除了影响我们自己的心情之外,不会对别人带来任何影响。对于这种不公平,我们首先要学会的是隐忍,然后积蓄能量,当你为一件事情竭尽全力之后,才能像火山一样喷涌而出,剩下的不用你再管,上帝会替你安排好一切,他会告诉全世界,你的力量有多么强大!

## 7. 慢慢来，你距离成功会越来越近

成功是长时间努力、积累和进步的结果，是水到渠成的事情，绝不是心急就能做到的。你可知道，生长速度越快的树木，其致密度就越低，生命往往也就越短暂；而松树、柏树、胡杨等树种，要上百年才能成材，用起来却可千年不朽。如果我们想成就有价值的人生，不妨慢慢来，因为我们拥有一辈子的时间去创造、去改变，又何苦让自己那么累呢？

现在的父母们大都抱着望子成龙的心理，把自己的希望和荣耀全部寄托在孩子身上，正是由于中国这种填压式的教育和考试制度的推波助澜，使得孩子们在很小的年纪就背上了沉重的书包。实际上，这种教育方式并没有培养出多少有思想、有创造力的人才。相比之下，西方的教育则显得更加符合孩子们的成长规律。

西方的孩子在上小学时，每天上课的时间要比中国孩子少一半，放学后很少有家庭作业，即使有，大部分也是旨在培养创造力的作业。例如，西方孩子某一学期的家庭作业可能就是研究北美的

大角羚羊，这样，经过一学期的观察与研究，等到学期结束时，他们不仅可以学会如何通过各种渠道查找资料，还能够用充满童趣的文笔写出长达十几页的研究报告，并配上自己画的精美图画。此外，西方的老师还经常带孩子们进行野外活动，很多课都是在大自然中进行的，让孩子们小小的心灵伴着彩云快乐地飞翔。

将中国的教育制度与西方教育制度相比起来，中国的孩子小小年纪就要承受如此沉重的学习任务，难免让人心疼。也许就是由于中国的孩子从小就生长在急功近利的氛围中，使得现在的许多年轻人缺乏成大事所需要的努力、忍耐和等待。大学生在校期间很少能静下心来读几本可能让自己终生受益的书籍，很多人读的是武侠小说或浅薄的商业书籍，只有极少数人读过罗素的《西方哲学史》或其他有深刻人文思想和精神的书籍。毕业以后，有的人一年就换两三次工作，能踏踏实实地坚持做一项工作直到取得成就或成为某个领域的专家的人就更少了。很多年轻人脑子里充满的都是一些不切实际的想法，不是想去哈佛，就是想去牛津；不是想成为百万富翁，就是想嫁给千万富翁。

在如今这个物欲横流的社会里，越来越少的人愿意慢慢地坚持着去做些什么，大家都变得急功近利起来，不断地给自己的人生设定底线，让自己像个机器人一样生活。可是，成功是长时间努力、积累和进步的结果，是水到渠成的事情，绝不是心急就能做到的。你可知道，生长速度越快的树木，其致密度就越低，生命往往也就越短暂；而松树、柏树、胡杨等树种，要上百年才能成材，用起来却可千年不朽。如果我们想成就有价值的人生，不妨慢慢来，因为我们拥有一辈子的时间去创造、去改变，又何苦让自己那么累呢？

学习和进步这种事，从来都是要靠脑子和心灵去一点一滴体会的，只有这样，新鲜事物才能浸润到你生命的血液里，而不是靠一个按钮来决定开始或停止。看看你身边那些心里带着倒计时生活，却不知从何下手的人，当他们看到世界的万千变化，难免会对未来产生恐惧。

有个女孩，毕业后一个人来到北京，开始新生活。尽管她顺利地找到了工作，但是，她心理压力却陡然变大。想到当初自己来北京工作的目的，很大程度上是为了两年后出国留学，赚钱赚资历。她担心两年赚不到足够的钱，担心两年不足以让自己很厉害，担心自己的梦想实现不了，于是经常上班上着上着，便开始对着电脑屏幕流泪。那个时候的她，在上班之余，脑子里想的都是该做点什么才能赚到大钱，怎样才能让自己的简历变得厉害而漂亮。她每天都在不断地提醒自己："年底前要达到怎样的目标，明年又要做什么……"而每每想到这些，她都会感到特别累。

久而久之，女孩终于不堪重负，几乎到了崩溃的边缘，她甚至想放弃自己现在的一切，回老家重新开始。可是，转念一想，她幡然醒悟：其实，自己现在的努力，应该是为了以后长远的进步与成长，而留学只是帮助自己成长的一站地，不应该成为一个目的地。

与其放弃自己辛苦努力换来的现在而从零开始,不如在这条道路上继续走下去,只是不必那么急躁。这样想来,女孩的压力顿时减轻了很多,她也不会再为能不能在某个时间之前赚到多少钱、赢得什么资历而着急担忧。她的生活,也逐渐开始明媚起来,因为她更加着眼于当下一点一滴,享受每一天的乐趣。

所以,慢慢来,距离成功会更近。你始终要相信,安静也是一种力量。那是一种让自己的内心享受沉浸在事情本身的感觉,让做事本身变得专注而纯粹,是急功近利的我们内心最为缺乏的修养。

## 第五章 接受现实,一切都是最好的安排

在生活中,我们常被财富蒙蔽双眼,用财富来给自己制造一个幸福的假象,导致我们离真正的美好生活越来越远。你念念不忘,未必就会有回响。我们何不接受现实,放松心情,过往不究,珍惜自己所拥有的,并沿着梦想的道路走下去,在每一次经历中收获和顿悟,随遇而安地享受岁月的馈赠。

## 1. 生命中的美好都是免费的

　　生活中的我们，常被财富蒙蔽了双眼，以为拥有更多的金钱就能换来生命中最美好的东西，而顾不得自己内心的真实感受，每天只顾埋头工作，只想挣大把的钱，用财富来给自己制造一个幸福的假象。只是，在这种幸福的假象下，你所拥有的所有的财富并不能带给你真正的幸福，只能给你带来这种被束缚的感受，你会被你所拥有的财富蒙蔽，然后继续为了这种假象的幸福而努力，最终会离真正的美好生活越来越远。

　　当早晨天刚蒙蒙亮的时候，可爱的鸟儿在欢叫，你走出家门，轻轻地走在刚下过雨的湿润的土地上。你慢慢地走向乡间小道旁的林荫深处，看着周围翠绿的、带着莹润露水的树叶，闻着泥土和清新的露珠混在一起的味道，冰凉又润滑，像铁观音一般清澈又淡雅。你听着从脚下传出的叶子被踩过的声音，脆脆的，混着鸟鸣，宛如一首交响乐。在这时，你可以环顾四周，到处是不知名的野花，那五彩斑斓的颜色交织在一起，虽不比温室中的花朵来得娇滴滴，却别有一番滋味，就像普洱和咖啡放在一起，有明显的不同，却各有各的一番韵味所在。这时，太阳也渐渐升起来了，清晨的太阳总是最温和的，不毒，很温暖，给人一种舒服的感觉。在林中，太阳也是有味道的。这种味道很特别，大概也称得上很实在，任何植物有了这种味道与自己本身的味道相结合，都会充满暖意，你便能清楚地闻到一股来自大自然的韵味……

试想，当你身处其中，这会是多么美好的事情啊。难怪有人说，生命中有好多美好的东西都是免费的。很多时候，甚至不需要你花钱刻意去培养高雅的情趣，你可以每天早起、喝茶、读书、弹琴、焚香、望月、散步、荡秋千、养鱼、赏雪、听泉、养花、远眺……做这些简简单单的事情，就能收获到真真实实的快乐。

"积极心理学之父"马丁·塞利格曼曾经做过一个实验，他在一组问卷中抽取了10%自认为"非常快乐"的人，看这些人与普通人到底有什么不同。结果，他发现他们并不富裕。的确，人生的一些大欢喜，都不是能用金钱换来的。一个人，心里杂念越少，就越是自由和快乐。

富勒多年来一直在为一个梦想奋斗，这就是从零开始，而后积累大量的财富和资产。到30岁时，富勒已挣到了百万美元，他雄心勃勃地想成为千万富翁，而且他也有这个本事。他拥有一栋豪宅，一间湖上小木屋，2000英亩地产，以及快艇和豪华汽车等，他可以随意出入各种高档娱乐场所。然而，他并没有感觉到快乐，很多问题也接踵而来：他工作得很辛苦，常感到胸痛，而且他还疏远了妻子和两个孩子，他的婚姻和家庭都岌岌可危。

一天，富勒在办公室里心脏病突发，而他的妻子在这之前刚刚宣布打算离开他。他开始意识到自己对财富的追求已经耗费了所有真正珍惜的东西。他打电话给妻子，要求见一面。当他们见面时，他们都热泪盈眶。富勒终于明白了生活的重心所在，他和妻子商定后，决定消除掉破坏他们生活的东西——财富。

于是，富勒卖掉了所有的东西，包括公司、房子、游艇，然后把所得收入捐给了教堂、学校和慈善机构，他还为美国和世界其他地方的无家可归的贫民修建了"人类家园"，他的想法非常单纯："每个在晚上困乏的人至少应该有一个简单而体面，并且能支付得起的地方用来休息。"他的朋友都认为他疯了，但富勒从没感到比这更清醒过。

接下来，富勒带着妻子、孩子回到自己的家乡，过着平凡而简单的田园生活，每天日出而起、日落而居，虽然没有锦衣玉食、山珍海味，不能出入那些高档、奢华的娱乐场所，但是，富勒从来没有感受到生命是如此美好和幸福。

人们总认为金钱和幸福之间有必然联系，到底有多少金钱才能置换一份幸福呢？拥有金钱不是目的，主要目的是如何利用它帮助我们获得幸福这一终极财富。

沉浸在物质财富中的幸福是虚伪的，完全脱离物质需求的幸福同样也是不存在的。我们今天不幸福，要么是因为太多人连吃饱穿暖的最基本的幸福都没达到，要么是因为拥有了财富的人把这当成是幸福的终极追求，放弃了追求生命中那些更美好的东西，放弃了对人生意义的关注。

生活中的我们，常被财富蒙蔽了双眼，以为拥有更多的金钱就能换来生命中最美好的东西，而顾不得自己内心的真实感受，每天只顾埋头工作，只想挣大把的钱，用财富来给自己制造一个幸福的假象。只是，在这种幸福的假象下，你所拥有的所有的财富并不能带给你真正的幸福，只能给你带来这种被束缚的感受，你会被你所拥有的财富蒙蔽，然后继续为了这种假象的幸福而努力，最终会离真正的美好生活越来越远。

世上许多人忙碌了一辈子，到头来究竟为谁辛苦为谁忙，连自己都无所适从。要想在喧嚣、忙碌的尘世中保持一份美好的心境，不妨到自然中去，用五官感受自然之美，感受人生的美好。当然，偶尔也可以跟朋友出去旅行、聚餐、唱OK。既享受花钱的乐趣，也拥有不花钱的快乐。既不清高，也不恶俗。如此安心过着自己的小日子，做这样一个拥有两种快乐的俗人不也挺好的吗？

## 2. 念念不忘，未必会有回响

人这一生中，没有什么过不去的，过不去的只是自己的心。回忆再美也只是曾经，再也回不到过去，很多事情结局已定，该继续的还得继续。人不能因为感情而失去自己，更不能为了失去而没了感情。人生的路，悲喜都是自己走的；生活的苦，累与不累都得自己承受；脚下的路，没人能替你决定方向；心中的伤，没人能替你擦去泪光。

电影《一代宗师》里有这样一段对话：

宫二说："想想说人生无悔，都是赌气的话。人生若无悔，那该多无趣啊。叶先生，说句真心话，我心里有过你。我把这话告诉你也没什么。喜欢人不犯法，可我也只能到喜欢为止了。就让你我的恩怨像盘棋一样，保留在那儿。你多保重。"叶问答道："人生如棋落子无悔。我们之间本来就没恩怨。有的只是一段缘分。"

就连替父报仇时都波澜不惊的宫二，在听到这句话后，都感动得泪流满面。有时候，我们在意的甚至不是自己付出多少，等待多久，而是在那么长久、厚重的等待付出之后，在对方心中我们的位置，叶问这句"我们有的只是一段缘分"，真够戳心。所以，宫二才会控制不住自己的情绪，因为有这一句话，她所有的付出真的值了。确实，在茫茫人海中，两个人能够遇到，就是缘分，有些我们能把握，有些我们把握不了。而你的心意对方心领了，其实这就够了，何必再苦苦相逼呢？

她是他心里的一个结，十几年来，他无论如何也无法解开。因为那个伤口，久久不能愈合。

她是他的初恋女友，他们在大学时就谈恋爱了。那时，她是学校的校花，追求她的人好多，他恨不得让全学校的人都知道他们在谈恋爱。她和他在一起，她从始至终都显得很骄傲。她经常用冷傲的态度面对他的热情，若即若离。他用尽一切办法讨她欢心，她用尽一切方法折腾他，他们在一起哭过、笑过、争吵过，而后又和好……转眼间，高中毕业，他们去了不同的城市上大学，他经常要坐十几个小时的火车去看她，但她总是冷淡待他，他们之间的感情也终究经不住距离的考验而慢慢就不了了之了。

大学毕业后，他分配去了小城市工作，不断升值，当上了局长。后来又娶妻生子。她留在了北京工作，不断辞职、旅行，再回来工作。不断恋爱、不断失恋。平时，他们基本不联系。每年的几次通话，都是他在酒醉之后打给她的，通话的内容都是一样的——他总是质问她："你那时候为什么要那样对我？那样折磨我？我对你的感情，你真的重视过吗？"还有一句："一个男人，不能娶自己深爱的人为妻，是人生最大的遗憾！"

对于他的质问，她在电话那头，总是沉默，之后说："我很抱歉，那时候，我太年轻了，太过骄傲，不懂珍惜。你看，我现在不已经受到了应有的惩罚了吗？所以，请你原谅。"

她说的惩罚，是指后来的情感不顺。他从她的空间上也看到了，她这些年来在不断地恋爱和失恋，被各种男人伤得体无完肤。

她越不幸福，越潦倒、憔悴、混乱，他就越是想不通："我用了十几年的光阴去对一个不可能的人坚持着，而这个人却将自己的真心付给了那些混蛋男人。"每当他关掉电脑，躺回熟睡的妻子身边，心潮久久不能平静，他忘了身边还有如此安稳的幸福。

又是几年过去了，远方传来了她要结婚的消息。他决定去参加她的婚礼，以此做个"了结"，回来后彻底把她忘掉。

为此，他请了假，对妻子撒了谎。然后，他坐到了火车站的候车厅。就在火车即将开动的时候，他接到了妻子焦急的电话。孩子生病了。他冲下火车，赶到医院，看到小脸烧得红彤彤、昏睡过去的小女儿，心猛地一疼。他觉得自己差点做了一件傻事。那天晚上，他提着行李箱狼狈地走在回家的路上。他在心中暗笑自己："既然想忘，又何必去火车站呢？"

生活，照样继续。每天上班、下班、吃饭、喝水、带孩子玩。只是，在那次真心劝导自己之后，他解开了自己十几年都无法解开的心结,他决心和妻子踏踏实实地过日子。他没有删掉她的电话号码,也没有删掉她的QQ,但是,这一次,他却真的放下了。

一个男人如果过了30岁,还不能学会接受现实,这就是一种愚蠢。对于已逝的情感,就算你自己为之感动,也只是你的一厢情愿,只是你自己沉浸其中而已。是你太把自己当回事了,太把那恋爱当回事了。你爱别人,别人不一定就要爱你。你念念不忘,未必就会有回响。感情的事情,就算拼尽全力,也无可奈何。所以,对于逝去的情感和得不到的人,我们应该悉心接受现实,不该让它继续来伤害自己。

其实,人这一生中,没有什么过不去的,过不去的只是自己的心。回忆再美也只是曾经,再也回不到过去,很多事情结局已定,该继续的还得继续。人不能因为感情而失去自己,更不能为了失去而没了感情。人生的路,悲喜都是自己走的;生活的苦,累与不累都得自己承受;脚下的路,没人能替你决定方向;心中的伤,没人能替你擦去泪光。有些情强求会伤,有些爱挽留会痛,没必要在乎那么多,因为不值得。爱你的人,不会远离;不爱你的人,终会失去。所以,面对爱情,来了,就热情相拥,走了,就坦然放手!

这个世界太大,我们会遇见太多的人,但真正能让你怀念一辈子的人却没有几个。有些人早已刻骨铭心,不是说忘就能忘的,当你拼命地想要忘记时,却清晰得要命,只要回想起来就会心痛落泪。其实,你越是在意一个人,你就会越失意;越看重一份情,你就会越心痛。当别人没把你放在心里,你又何苦死心塌地,自己折磨自己。感情,从来不是一个人苦苦去维系,而是两个人共同来珍惜。若不被在乎,就要学会转身;若不被爱惜,就要懂得放弃;看不到的风景,不看也罢;没有回应的感情,不要也好。过去的人和事就让它永远地过去吧,与其一味执迷,倒不如抖落一身的尘埃,继续上路,相信人生将有更美的风景在前方等待着你。

## 3. 正视生活，才能坦然接受岁月的馈赠

聪明的人从来不会去抱怨岁月的无情，不会用虚伪的装饰来掩盖时光的烙印，更不会在岁月的洗礼中甘于堕落、自暴自弃。在岁月的打磨中，一个人会变得更加坚强，会拥有独自面对风风雨雨的勇气，也会让自己变得更加睿智和从容。

曾经有一个老人，一生坎坷，年轻时因战乱而失去了大部分的亲人，而他自己也在战火中失去了一条腿。然而不幸一再降临，他中年丧妻，继而又老年丧子，他不幸的一生，承受了人世间最刻骨铭心的悲痛。尽管如此，他却依然爽朗而快乐地活着，并终于迎来了静谧而安逸的晚年。

有个年轻人自觉生活中充满了无尽的烦恼，不禁惊讶于老人爽朗而乐观的心态，他问老人，经受了这么多的苦难和不幸，为什么没有丝毫的苦痛和伤感。老人沉默良久，随后将一片树叶举到年轻人的眼前，问道："你看，它像什么？"

那是一片黄中透绿的叶子，乍一看并没有什么特别。年轻人想

道，这或许是白杨树叶，可是，它到底像什么呢？

"你不觉得它像一颗心吗？或者说它就是一颗心？"老人提示道。

年轻人仔细一看，那片树叶果然十分形似心脏的形状，内心禁不住微微一颤。

"再看看它上面都有些什么？"老人进一步问道。

年轻人凑近树叶，仔细端详，这才发现树叶上有许许多多大小不等的孔洞。但是，这又代表什么呢？

老人收回树叶，置于掌中，用那浑厚而又带着沧桑的嗓音舒缓地说："它在春风中绽出，在阳光中长大。从冰雪消融的春天到寒风萧瑟的深秋，它走过了自己的一生。在此期间，它经受了蚊虫的啃噬，雨水的冲刷，以至于千疮百孔，满目疮痍，然而它并没有因此而凋零，而是完完整整地度过了它的一生。它之所以得以尽享天年，完全是因为它热爱着阳光、雨露，热爱着生之养之的泥土，热爱着自己的生命，同时也热爱着生命中的那一切磨砺和考验。只要能够生长在阳光下，接受雨露的滋润，就是最大的幸福，相较而言，其他的一切，又算得了什么呢？"

老人饱经沧桑的内心就像这片树叶，尽管无情的现实在上面留下了无法抹去的痕迹，他却依然故我地保持着心灵的完整。他没有因为现实的残酷而将自己封闭到阴暗的角落，进而开始怀疑人生，而是依然相信爱，相信美，相信人性中一切美好的品质，相信即使遭遇再大的狂风骤雨，终将拨云见日，一切总会过去。老人的一生虽然历经坎坷，但是他从未执拗于对充满苦痛的过往的回忆，而是将其视作是岁月的馈赠而坦然接受，并尽情地享受着生的美好。

时光荏苒，岁月无情，任何人都无法逃避岁月在脸上留下的痕迹。而我们除了哀叹岁月的无情，我们没有任何方法能让时间停下向前的脚步。所以，聪明的人从来不会去抱怨岁月的无情，不会用虚伪的装饰来掩盖时光的烙印，更不会在岁月的洗礼中甘于堕落、自暴自弃。在岁月的打磨中，一个人会变得更加坚强，会拥有独自面对风风雨雨的勇气，也会让自己变得更加睿智和从容。

岁月可以夺去青春的容貌，但却不能遮盖内心充满阳光的信念。在岁月中享受平凡，在时光中充盈生活，我们可以变得苍老，但也有爱的人相依相伴；可以享受孤独，但也会为了理想默默地拼搏。生活中每一次经历都是一种收获，每一次挫折都是一种感悟。随遇而安地享受岁月的馈赠，我们就能在宁静与安详中走向成熟。

其实，当我们能够正视生活，接受岁月的馈赠时，无论女人还是男人，无论年轻还是年老，我们在各个年龄段都可以熠熠生辉。

## 4. 放松心情，快乐地度过每一天

每个人的能力各不相同，因此不是每个人都有反抗命运的能力。如果无力反抗，那么，就安然地接受命运的安排，放松心情，快乐地度过每一天。这种随遇而安的生活态度是获得幸福的关键。

相信很多独自在大城市打拼的年轻人都曾面临过这样的困惑：一方面要借助大城市广阔的发展空间来实现自己的梦想，而另一方面又会有些不堪大城市的工作和生活的重负。就在这不舍与不堪之间，矛盾产生了。而你最终的抉择，也将会决定你人生的高度。

那么，我们该以怎样的心态来做出如此重大的抉择呢？

那就是——随遇而安。林清玄告诉我们："在人生里，我们只能随遇而安，来什么，品味什么。"学会随遇而安，你能够轻松地挫败生活中许多看似不可战胜的困难。如果你不幸被生活中的黑暗偷袭，那就把它当作一次疾病好了。这是面对生活最为强硬的方式。而这，也是现实生活中很多人所缺乏的能力。

每个人的能力各不相同，因此不是每个人都有反抗命运的能力。如果无力反抗，那么，就安然地接受命运的安排，放松心情，快乐地度过每一天。这种随遇而安的生活态度是获得幸福的关键。

Spring 是一个单亲家庭出生的女孩，而且亲戚之间还很不合，所以，只有她和她的妈妈相依为命，亲戚们对她们这对母女都避而远之。毕业后，她只身一人来到深圳，在深圳一家广告公司从最底层做起，月薪 3000 元，而且还经常加班到夜里 12 点，朋友见她辛苦，本想拉她做点私活赚钱，结果发现她周末都在加班，活得特别忙碌。朋友曾问过她这样值得吗？她说："我要给我妈争口气！我妈比较软弱，容易受欺负。我必须强大起来，才能保护我妈妈。"她是一个对工作负责又踏实的女孩，那么年轻却那么认真，拼尽全力一点点升职、加薪、跳槽，就为了让妈妈不再因为没钱而受欺负。她第一次跳槽搬家，搬到深圳很靠近郊区的地方，就为了 1000 元钱能租到一整套房间。房间里什么都没有，她到二手家具市场一件件去买，今天买一个沙发，明天买一张床垫，然后自己在家做饭煮汤，拍照片给朋友看。

就这样在深圳打拼了 4 年，Spring 已经变得相当成熟又大气，脸上没了 4 年前的阴郁和灰暗，反而笑意盈盈、充满希望。而她的妈妈已经可以经常到深圳来看她，她给妈妈买了 iPad 解闷。她刚跳完槽，薪水翻倍，搬了新房子，虽然价格高了些，却是她最满意的地方。

相信 Spring 的故事一定会让正在辛苦打拼的你为之感动和温

暖，为她一直以来的刻苦努力；为她如今能从心底笑着开始慢下来享受生活的美好；为她能在那个竞争激烈的深圳闯出了自己的一片天；为她经历了辛苦的努力与挣扎后，终于能够如愿地保护自己的妈妈。

在大城市，每天都有那么多的年轻人疲惫而不甘地穿梭往返，可是，在这些人中，有几人能成为最后的赢家？能最终熬出头，成为枝头上的"凤凰"呢？大学毕业时，我们都看到了金字塔尖上"一览众山小"的那个位置，可在奋斗的攀爬中，有多少人会中途放弃？有多少人会被迫滑落？又有多少人需要经过怎样的艰辛与勇气，才能拥有爬到顶峰的光环？而在拿到顶峰的光环后，那真的就是自己想要的幸福吗？

在大城市打拼的年轻人难免都要面临职场上的困扰，选择上的不安，父母的不理解，单身男女的寂寞哀伤，他们不知道是否还要继续在大城市里漂泊，不知道是否真的应该回到老家去过所谓的"安稳人生"。其实，不管惊涛骇浪还是安稳平静，都只是个人生活的不同选择而已，没有高低贵贱与对错之分，每个人都有选择适合自己的生活方式的自由，但无论在哪条路上，每个人都应该有一个属于自己的出发时的理由。这个理由可能很微小，甚至没有人会去在乎，可无论这个理由是什么，你都需要一直坚持下去。只有学会坚持，才会有变成光环的那一天；半途而废，永远都无法实现最初的梦想。对于每一个刚毕业的年轻人而言，面对社会的激烈竞争时，都会有这样或那样的压力与打击，这份痛需要真真实实地打磨到自己身上，只有扛住了这份痛，你才会有飞上枝头变"凤凰"的那一天。

或许你曾经的很多努力，都带有了意外和跑偏的色彩，但Spring的故事一定能让你看到一个漂泊女孩最初的梦想，以及在巨大压力面前奋斗的力量。当然，这并不是要劝慰你留在大城市里吃苦、受累、哀伤，而是希望你能在自己坎坷的人生道路上学会随遇而安，凡事尽力、勇敢向前，绝不向困难妥协！

## 5. 改变从自己开始，你可以活出自己的精彩

面对生活，明智的做法就是接受必须接受的，改变能够改变的。比如，你改变不了环境，但你可以改变自己；你改变不了事实，但你可以改变态度；你改变不了过去，但你可以改变现在……只有这样，才不会被生活击倒，才能活出自己的精彩。

在威斯敏斯特教堂地下室里，英国圣公会主教的墓碑上写着这样一段话：

当我年轻自由的时候，我的想象力没有任何局限，我梦想改变这个世界。

当我渐渐成熟明智的时候，我发现这个世界是不可能改变的，于是我将目光放得短浅了一些，那就只改变我的国家吧！

但是我的国家似乎也是我无法改变的。

当我到了迟暮之年，抱着最后一丝努力的希望，我决定只改变我的家庭、我的亲人。

但是，唉！他们根本不接受改变。

现在，在我临终之际，我才突然意识到：如果起初我只改变自己，接着我就可以依次改变我的家人。然后，在他们的激发和鼓励下，我也许能改变我的国家。再接下来，谁又知道呢？也许我连整个世界都可以改变。

生活中，有些人总是无法接受自己不能改变的，而自己能够改变的却视而不做。结果可想而知，最终他们什么也没有改变，只能抱怨度日。其实，对于那些你无论如何也无法掌控的人和事，你尽管悉心接受就好，而你能改变的，一定要一心一意地把事情做好。

中国台湾女作家吴淡如曾经说过："改变我所能改变的，接受我所必须接受的，让自己活得充实，永远不要画地自限。"面对生活，明智的做法就是接受必须接受的，改变能够改变的。比如，你改变不了环境，但你可以改变自己；你改变不了事实，但你可以改变态度；你改变不了过去，但你可以改变现在……只有这样，才不会被生活击倒，才能活出自己的精彩。

巴雷尼小时候因病残疾，当时，他的母亲心如刀绞一般，但她还是强忍住自己的悲痛，给予巴雷尼鼓励和帮助。巴雷尼的母亲拉着他的手说："孩子，妈妈相信你是个有志气的人，希望你能用自己的双腿，在人生的道路上勇敢地走下去！"母亲的话像铁锤一样撞击着巴雷尼的心扉，他不想让母亲失望，可是，他无论如何也接受不了这个现实，他扑到母亲怀里大哭起来。

从那以后，巴雷尼的母亲只要一有空，就帮他练习走路，做体操，常常累得满头大汗，巴雷尼也只是为了不让母亲难过而敷衍了事，他不相信自己此生还可以再重新站起来。有一次，巴雷尼的母亲得了重感冒，高烧不退，但是，她还是下床按计划帮助巴雷尼练习走路。黄豆般的汗水从这位母亲的脸上淌下来，她用干毛巾擦擦，咬紧牙，硬是帮巴雷尼完成了当天的锻炼计划。巴雷尼看到母亲如此辛苦地帮助自己，他终于肯接受这残酷的现实，下定决心要在母亲的帮助下重新站起来！

体育锻炼弥补了由于残疾给巴雷尼带来的不便。母亲的榜样作用，更是深深地教育了巴雷尼，使他终于经受住了命运给他的严酷打击。他刻苦学习，学习成绩一直在班上名列前茅，他以优异的成绩考进了维也纳大学医学院。大学毕业后，巴雷尼以全部精力致力于耳科神经学的研究。最后，他终于登上了诺贝尔生理学和医学奖的领奖台。

接受是一种勇气，改变是一种智慧。生活就是这样，你无法预料它会带给你什么，你必须接受你所遭遇的一切；但同时，你通过自己的努力，也能改变你所遭遇的一切。

然而，在现实生活中，当我们陷入一些自己不喜欢或心理上看不上的环境中时，总是会觉得自己凌驾于你周围的所有人之上。其实，每个人都在抱怨，每个人都在心里觉得自己很苦，觉得自己是折翼的天使……于是，一群人天天在那儿哀怨，谁也瞧不上谁。

如果你想要跳出这个负能量的圈子，唯一的办法就是行动起来，无论你的环境如何，你都要行动起来！如果你改变不了环境，至少你还能改变自己！人生最郁闷的事，不是你落入了一个不变的环境，而是多年以后，环境都变了，你却还在原地踏步！

或许，现在的日子，你依然过得很荒诞，但日子过成这样，终归还是你自己的错。"不是环境不好，不是别人不对，是你自己没有争取，是你自己没有跑……"你这样告诫自己，不是用来逼你跑，而是用来随时提醒自己：如不满意，请马上走！立刻，马上，走到你想要到的地方去！

## 6. 你所拥有的才是最为珍贵的

不仅是爱情，友情和亲情也需要用心去等候和追求，然而生命也常常在这种固执的等待中悄然流逝了。人们常常不懂得如何去珍惜身边的和已经拥有的，他们更不知道，自己所拥有的其实才是最为珍贵的！

生活中常有这种事情：来到跟前的往往轻易忽视，远在天边的却又苦苦追求；占有它时感到平淡无味，失去它时又觉可贵。可悲的是，这种事情经常发生，我们却依然觊觎那些"得不到"的，跌入这种"得不到的总是最好的"的陷阱中，遗失了我们身边的幸福。

得不到的不一定就是最适合你的，把握现在的幸福，才是人生的大智慧。

从前，有一座圆音寺，每天都有许多人烧香拜佛，香火很旺。在圆音寺庙前的横梁上有只蜘蛛结了张网，由于每天都受到香火和虔诚的祭拜的熏陶，蛛蛛便有了佛性。经过了一千多年的修炼，蛛蛛的佛性增加了不少。

忽然有一天，佛祖光临了圆音寺，看见这里香火甚旺，十分高兴。离开寺庙的时候不经意间看见了横梁上的蜘蛛。佛祖停下来，问那只蜘蛛："你我相见总算是有缘，我来问你个问题，看你修炼的这一千多年来有什么真知灼见，怎么样？"

蜘蛛遇见佛祖很是高兴，连忙答应了。佛祖问道："世间什么才是最珍贵的？"蜘蛛想了想，回答道："世间最珍贵的是'得不到'和'已失去'。"佛祖点了点头，离开了。

蜘蛛依旧在圆音寺的横梁上修炼。

有一天，刮起了大风，风将一滴甘露吹到了蜘蛛网上。蜘蛛望着甘露，见它晶莹透亮，很漂亮，顿生喜爱之意。蜘蛛看着甘露，它觉得这是它最开心的几天。突然，又刮起了一阵大风，将甘露吹走了。蜘蛛很难过。这时佛祖又来了，问蜘蛛："蜘蛛，世间什么才是最珍贵的？"蜘蛛想到了甘露，对佛祖说："世间最珍贵的是'得不到'和'已失去'。"佛祖说："好，既然你有这样的认识，我就让你到人间走一遭吧。"

蜘蛛投胎到了一个官宦家庭，成了一个富家小姐，父母为她取了个名字叫蛛儿。一晃，蛛儿到16岁了，出落成了一个楚楚动人的少女。

这一日，新科状元郎甘鹿中士，皇帝决定在后花园为他举行庆功宴席。宴席上来了许多妙龄少女，包括蛛儿，还有皇帝的小公主长风公主。状元郎在席间表演诗词歌赋，大献才艺，在场的少女无一不为他折服。但蛛儿一点也不紧张和吃醋，因为她知道，这是佛祖赐予她的姻缘。

过了些日子，蛛儿陪同母亲上香拜佛的时候，正好甘鹿也陪同母亲而来。上完香拜过佛，二位长辈在一边说上了话。蛛儿和甘鹿便来到走廊上聊天，蛛儿很开心，终于可以和喜欢的人在一起了，但是甘鹿并没有表现出对她的喜爱。蛛儿对甘鹿说："你难道不曾记得 16 年前圆音寺蜘蛛网上的事情吗？"甘鹿很诧异，说："蛛儿姑娘，你漂亮，也很讨人喜欢，但你的想象力未免太丰富了一点吧。"说罢便和母亲离开了。

几天后，皇帝下诏，命新科状元甘鹿和长风公主完婚；蛛儿和太子芝草完婚。这一消息对蛛儿如同晴天霹雳，她怎么也想不通，佛祖竟然这样对她。几日来，她不吃不喝，穷究极思，生命危在旦夕。太子芝草知道了，急忙赶来，扑倒在床边，对奄奄一息的蛛儿说道："那日，在后花园众姑娘中，我对你一见钟情，我苦求父皇，他才答应。如果你死了，那么我也就不活了。"说着就拿起了宝剑准备自刎。

这时，佛祖来了，他对快要灵魂出窍的蛛儿说："蜘蛛，你可曾想过，甘露（甘鹿）是风（长风公主）带来的，最后也是风将它带走的。甘鹿是属于长风公主的，他对你不过是生命中的一个过客。而太子芝草是当年圆音寺门前的一棵小草，他看了你三千年，爱慕了你三千年，但你却从没有低下头看过它。蜘蛛，我再问你，世间什么才是最珍贵的？"蜘蛛一下子大彻大悟，对佛祖说："世间最珍贵的不是'得不到'和'已失去'，而是现在能把握的幸福。"刚说完，佛祖就离开了，蛛儿的灵魂也回位了，她睁开眼睛，看到正要自刎的太子芝草，马上把太子的宝剑打落，和太子深情地抱在了一起……

我们要懂得珍惜摆在我们面前的爱，不要等到失去了才追悔莫及，也不要把所有的特别合心意的希望都放在未来，这样我们才能及时品味到人生的乐趣。

"世间最珍贵的是'得不到'和'已失去'。"生活总是这样捉弄人，想要的得不到，不留恋的却偏偏徜徉身边。当那个"爱我的人"对我们还恋恋不舍时，我们以为这一切幸福都不会消失，我们理所当然地接受他们的爱，心里却在为"得不到"与"已失去"黯然神伤。日子一天天地滑过，直到有一天那个"爱我的人"因失望而选择离开时，我们才蓦然惊醒"原来他（她）才是上天许给我的姻缘！"缘分天注定，"得之我幸，不得我命"，唯一要懂得的道理是：珍惜摆在我们面前的爱。

不仅是爱情，友情和亲情也需要用心去等候和追求，然而生命也常常在这种固执的等待中悄然流逝了。人们常常不懂得如何去珍惜身边的和已经拥有的，他们更不知道，自己所拥有的其实才是最为珍贵的！

## 第六章
## 人生永远没有太晚的开始，一切都还来得及

你明天过得好不好，取决于你今天怎么过，你今天付出过怎样的努力，才配实现明天的梦想。在看不清未来时，你就把握好现在。只要你敢于直面苦难，不逃避、不放弃，只要你将人生中最重要的难题放在人生体力和精力最好的时期解决，只要你不是等到每一件事情万无一失以后才去做，你就一定能够过上你想要的生活。无论你现在过得如何，只要你心中有梦想，一切都来得及，人生随时都可以重新开始。

## 1. 你看不清未来，就把握好现在

一个人未来能走向哪里，不是靠想象，而是靠今天你都做了什么、做得怎样。就像高木直子所说："我无法预见自己的生活将会发生怎样的变化，但我会继续珍惜每一份小小的惊喜与感动，努力活出一个真实的我。"

年轻的我们，在看不清未来的时候，常常会觉得自己在稀薄、湿冷的空气中难以呼吸，找不到任何新鲜的氧气，也没有可取暖的伴侣可依。漫漫人生路，未来一片混沌，我们不知道自己该去向何方。

其实，就算生命很长，但一个人真正的人生却是从你真正想努力的那一天开始的。不必担心人生没有机会可寻，我们还会有很多的机会，因为在接二连三的失败面前，我们必然会一次比一次更清醒。

你要清醒地知道，人生惨败并不意味着结束，它只是一个新的开始，又或者是登上顶峰之前必经的低谷。无论是十七八岁少年的你，还是二十五六岁青年的你，抑或是三十出头中年的你，你在每个年龄段都会遇见过那些沉重得几乎令你抬不起头的困扰，但是，只要那时你没有放弃，便没有人敢将你淘汰，全场都会等你跑完全程。最后一个冲过终点也并不难看，观众反而会因为你这种"不要脸"的坚韧而起立鼓掌——只要你不中途放弃，就值得获取掌声。

有一个女孩，在高中的时候，就梦想着将来有朝一日能成为作家。后来，上了大学，她终于可以有更多的时间去实现自己的作家梦，于是，她开始一篇一篇地写文章，一部一部地写小说，可是，那些带着希望之光的努力，最终都一去便杳无音信，仿若石沉大海一般。在一次次被否定的事实面前，女孩的作家梦被击得粉碎，她甚至看不清未来，写作的路走不通，她不知道自己未来还能做些什么。直到有一天，她在一本书上看到这样一句话："如果你在一条路上怎么努力也走不通，那就说明那条路原本就不属于你。"这时，她才恍然大悟，有了一种前所未有的解脱之感。

大学毕业后，女孩没有选择继续走写作之路，她凭借大学积累的一些写作经验顺利地进入了电视台工作。那时，同期应聘进栏目组的大学生有近十位，工种类似，但工作了一段时间之后，她发现只有自己和另一位男同事每天工作时间近14个小时，而其他人5个小时都不到。她觉得很不公平，觉得自己像个傻瓜一样，同样的职位，为什么自己一直在加班、拍摄、编辑、写策划，而其他人却那么清闲。于是，她便对和她一样辛苦的男同事抱怨，企图在寒冷之中获得一些温暖的共鸣："他们把我们俩当傻瓜使唤吗？为什么我们干那么多活，他们没干多少，大家拿的工资还一样多？"男同事看了她一眼，说："他们才是傻瓜。你想想，工作就只有那么多，拿一天的工作量来算，咱俩就做了28个小时，剩下那么多人只做30个小时的工作，每个人才三四个小时。假使工作是升级打怪积累经验的话，我们俩一定比他们先获得更多的经验值，而且，当我们犯了100个行业错误的时候，他们或许才犯了不到10个，我们抢了人家的犯错机会，就能抢先把能犯的行业错误犯完，而他们还有那么多年的错误没有碰触，要知道，年纪越大犯错误被原谅的可能性就越低。如此去想，我们还是傻瓜吗？"从那一刻起，女孩就像被打通了任督二脉一样，在自己的岗位拼命地工作，就算熬个通宵也乐此不疲。半年之后，女孩和她的那位男同事都被提前录用并委以重任，而那些企图偷懒的同事不是被解雇，就是被安排到一些不起眼的工作岗位。

大多数人都不会在同一个地方工作一辈子，大多数人也不会在同一个岗位上做一辈子，我们所有的累积都是为了给人生最后的那个位置打下一个稳固的根基，所以，每个获取经验的机会都显得尤为重要。如果所有人工作时间都一样，工作质量拼的就是纯粹的智商和情商。如果你在人生的舞台上不具有任何扮演主角的气质，而在后天又不去努力，那你就只能成为这出人生剧中的路人了。

一个人未来能走向哪里，不是靠想象，而是靠今天你都做了什么、做得怎样。就像高木直子所说:"我无法预见自己的生活将会发生怎样的变化,但我会继续珍惜每一份小小的惊喜与感动,努力活出一个真实的我。"是啊,如果你为了一个未知的明天而放弃已知的今天,那么,你丢失的将不仅是当下的快乐,还有一个真实的自我。所以,不妨多给自己一些时间,一切终会有答案。

当你看不清未来时,就要牢牢把握好现在。如果你能把眼下的每一件事情都一一做好,那么,未来的一切都会在你的掌控之中。你无须羡慕,只要耐得住寂寞,经得起打击,你自然就会拥有一个最精彩的人生。

## 2. 生活究竟为什么,你就是答案

生活中,本无绝望的处境,只有将绝望带入生活的人们。关键在于,我们是如何对待自己的环境的。接受生活并不轻松这一事实,就会使自己的生活轻松很多。

在人生的每一个阶段,你都会有"为什么我要这样"的困惑如鲠在喉:

为什么我要如此辛苦地学习呢?

为什么我要如此拼命地加班呢?

为什么领导如此讨厌我呢?

为什么我掌控不了现在的生活呢?

为什么我不能让某些人喜欢我呢?

为什么我要对不喜欢的人强颜欢笑呢?

为什么每一个人过得都比自己快乐呢?

……

生活中这一切的一切,究竟是为什么呢?

不是每个人都能在自己所处的阶段找到困惑的答案，生有时是为了答案而活，活有时却是为了某个理由而生。但幸好，只要你肯沉静下来，自然就会找到答案。

文毅刚进图书公司时，什么事都很积极，他抱着怕被开除的心态，别的编辑每周报10个选题，他会努力报20个，虽然不被采用，但他仍坚持不懈地去做。别的编辑每天工作8小时，他通常要工作十几个小时，有时为了赶稿子还要熬个通宵。如此辛苦，他从来都不曾抱怨一声，只因为自己喜欢这个职业；他也从来不和别人比较，只看自己是否有收获。如此一来，他觉得他的幸福感每天都是满满的。

有一天，文毅出去办公回来，办公室里只有部门经理和小姜老师两个人。文毅很清楚地听到部门经理说："文毅根本就做不好编辑，干脆让他走人吧。"文毅顿时就傻了，热血上头，"嗡"地一下就炸了，多年来建立起来的自信一下子被打击得粉碎。他就这样站在办公室门外，不敢踏进去，也许进去就真正要离开这个行业了，过了好久，他站在那儿没动。里面的谈话也静止了，突然文毅听见小姜老师说："我觉得文毅挺好的，他能够一个人坐在家里熬一个月写15万字的小说，一天十几个小时一动不动，他能坚持，也有想法，相信不久的将来，一定能成为一名合格的编辑。"

刚参加工作的文毅，面对全新的人群，不知道自己有何不可替代的本事，过得小心翼翼，于是总想着做些创意去突出自己，小姜老师这么一说,文毅突然意识到了自己真正的优点——坚持,不妥协,可以为了一件事情坚持到底。发挥真正的优点,比另辟蹊径更为重要。

还有一次,文毅做完的稿件被送到编辑部门审稿,一审改完稿件后,文毅便把改完的稿件送去校对部门,恰巧那个校对编辑正在对他的主管说:"这个文毅是不是新来的?这样垃圾的稿件,以后我可不管了,爱找谁找谁!"这位校对编辑的话句句像针扎一样,刺痛了文毅脆弱的心。可是,文毅还是鼓起勇气,挤出笑脸对那位校对编辑说:"对不起,给您添麻烦了,我以后不会了!"文毅本想他会对自己挥挥手说下不为例,可他压根儿就没正眼看文毅一眼。

人可以因为委屈而作践自己,但不能为了生存而放弃原则。文毅在心里闪过这个念头之后,转身走出校对部,回到工位上沉默了许久,他哭了,他觉得哭了确实会舒服一点。而恰巧,这一切都被小姜老师看在眼里,过了十几分钟后,主管拉着文毅走进校对部,当着校对部所有人的面,冲着那位校对编辑说:"以后文毅的稿件必须要给我校对好,稿件质量如何,不是你一个人就能作定论的,你要是不想审稿,可以走人。"

文毅就站在小姜老师的身后,内心充满了感激。在他最无助的时候,是小姜老师站了出来,用他能想到的最好的方式给出文毅答案,让他知道自己无须为工作而妥协自己的态度。也让他意识到,对于一个北漂的新人,最重要的不是简单的安慰或者鼓励,而是在他们极度缺乏安全感的时候和他们站在一起。站在一起,比说什么、做什么都来得重要。

后来,文毅就这样在自己的努力和前辈的关照下一步步由新人而蜕变成为新人眼中的前辈,那位主管带给他的温暖与感动,他始终铭记于心,而且,多年来,他也始终坚持将这份温暖与感动传承给那些曾经如他一般无助的职场新人。

我们不得不承认,生活是艰辛的。即使你才华横溢、位高权重,你的生活也不会幸免于艰辛,每个人都会不同程度地体验到生活的压力和痛楚。生活如此艰辛,我们是为了什么呢?不妨沉下来看一切,我们自己就是答案。

其实,人活一世,为的就是一种坚持,这种坚持可能是为梦想,可能是为某个人,也有可能是为了证明你的存在感,等等。无论你坚持活下去的理由是什么,只要你坚持努力不放弃,最终,天地也会被你感动,也会给你机会。每一个有所坚持的人都应该这样,当你已经选准了坚持的目标,就应该义无反顾、勇往直前地向目标奔去。

当你的坚持有所回报的时候,你会发现,生活远比我们想象的要容易一些。所需要的就是我们要准备接受一切不可能的情况,要能够在一无所有的时候前行,要能够承受不可忍受的困境。一个人经受生活的考验越多,取得的成绩就会越多。

生活就是一个不断学习、不断积累的过程,苦难则是伟大的教师。幸福和惬意不会锤炼意志，苦难却可以磨炼你坚强的品格。一旦在苦难中得到了锻炼，你就具备了让自己过上想要的生活的能力。

生活中，本无绝望的处境，只有将绝望带入生活的人们。关键在于，我们是如何对待自己的环境的。接受生活并不轻松这一事实，就会使自己的生活轻松很多。重要的是要记住：是的，生活很艰辛，但就算如此，那又有什么大不了的呢？只要你敢于直面苦难，不逃避、不放弃，你就一定能够过上你想要的生活。

## 3. 把时间"浪费"在最重要的事情上

人在年轻的时候，拥有足够多的时间去创造无数种可能，还可以为自己将来的辉煌奠定基础。所以，一个人的青春时光决定着你后半生的命运，从而使其显得弥足珍贵，容不得你将其浪费在那些琐碎、无聊的事情上。

时间是最宝贵的财富。可问题在于，拥有这笔财富的年轻人往往无法看到这笔财富的价值，他们总以为自己的时间还有很多可以用来浪费，一切都还来得及。殊不知，抱有这种想法是很危险的，会让你在不知不觉中浪费掉太多的时间。很快，当你走过了人生中的冲动、疯狂的年龄后，想去做你认为人生中的重要事情时，你就会发现，时间怎么过得这么快，曾经认为的大把时间都去哪里了？这时，无论你如何寻找或是悔恨，一切都已经一去不复返了，一切真的就来不及了。

如果到现在，你还无法意识到时间的重要性，不妨让我们来做一个关于时间的游戏：

请准备一张长条纸，在这里，我们把自己的生命假设在 0~100 岁之间，所以，用笔把长纸条划分成 10 等份，每等份代表生命中的 10 年，按顺序分别写上 10、20、30……100，最左边和最右边分别写上"生"和"死"两字。然后，写出你现在的年龄。根据现在的年龄，把已经过去的时间撕掉，注意，要一点点撕碎。接下来，想想你愿意活到多少岁，在这个游戏中，我们设定的最大年龄是 100 岁，但是，如果你不愿意活太久或者认为自己不可能活到 100 岁，就在纸条上把自己想要活到的年龄之后的部分撕碎。然后，你愿意在多少岁的时候能够退休？

请把退休年龄之后的纸条撕下来，但不必撕碎。这时候，你可以看到自己的工作时间大约有多长，在你的工作时间内，你打算怎样分配每天的 24 小时，通常，睡觉就要占据一天的 1/3。吃饭、聊天、娱乐、休息、看电视等又占了 1/3，真正可以用来工作的时间就只剩下大约一天的 1/3，所以，再把手中的纸条撕掉 2/3。现在，你可以一只手拿起剩下的 1/3 那段纸条，再用另一只手拿起刚才撕掉的 2/3 以及退休之后的那段纸条，对比一下三者之间的长度的差别。

你要告诉自己：我需要用这只手上 1/3 的工作时间赚到的财富来为另一只手上 2/3 的吃喝玩乐以及退休后的生活提供保障。最后，你可以算算，自己需要赚到多少财富才能养活自己。而且，这还只是关于你自己，还有你的父母、子女、配偶呢？算上他们，你又需要在那 1/3 的工作时间内赚得多少财富？

做完这个游戏,你一定会感觉到了震撼人心的力量吧!那么,你还会认为自己足够年轻就可以肆无忌惮地浪费时间吗?

人在年轻的时候,拥有足够多的时间去创造无数种可能,还可以为自己将来的辉煌奠定基础。所以,一个人的青春时光决定着你后半生的命运,从而使其显得弥足珍贵,容不得你将其浪费在那些琐碎、无聊的事情上。也许,有人会说,人生并不一定在年轻时就被决定了。我可以等到三四十岁,心智和人生经验都成熟的时候再去创建事业。的确,没有人能否认这种可能性。但一般来说,三四十岁正是你人生中最脆弱的时候,若无意外,你已经有了家庭,需要养家糊口,而你的体力和精力却都在走下坡路。这时候,你已经不可能像年轻时那样独自一人毫无牵挂地奋力拼搏,因此很难有出色的成绩。人生中最重要的难题还是放在人生体力和精力最好的时期去解决比较好。

著名心理学家加利·巴福博士曾经说过:"再也没有比即将失去更能激励我们珍惜现有生活的了。一旦觉察到我们的时间有限,就不再会愿意过原来的那种日子,而想活出真正的自己。这就意味着我们转向了曾经梦想的目标,修复或是结束一种关系,将一种新的意义带入我们的生活。"当你意识到时间的宝贵,你就应该懂得该如何将你的时间"浪费"在最重要的事情上。

1. 专注擅长的事。

什么事情才是你所擅长的事情呢?就是相同的时间、投入下,可以让你获得更多回报的事情。对于老虎伍兹而言，打高尔夫球就是一种对时间的最佳利用；对于比尔·盖茨而言，没日没夜地钻研电脑的时间也绝对不是白费光阴。但是，与此同时，我们也有一些不擅长的事情。比如，你花了一年的时间去考驾照，而你却很讨厌每一个考试过程，当然，只要你愿意在这些你所不擅长的事情上花时间，你还是会得到回报的。但是问题的关键就在于，大多数人总是重复着类似考驾照这样的生活方式：不停地做一些让我们自己讨厌的事情，只是为了证明能够做到它。当然，在实际生活中，你不可能避开所有你讨厌的事情，但是，你仍然应该尽量把时间花在值得的地方，绝对不要相信只要努力工作就足够了。努力工作并不是一件绝对意义上完全正确的事情，当你在做一些不正确的事情的时候，即使你很努力地工作，在一定程度上也是在浪费你的时间。

2. 拒绝那些浪费时间的琐事。

对于那些浪费你时间的事情，要勇于说"不"。例如，不去打听无关人的隐私，不会去探讨无关人的绯闻，不去在意不重要的人对自己的评价，不因为突如其来的挫折和伤害而忘记自己的初衷……

3. 尽量去享受生命的美好。

当然，在努力之余，和朋友一起喝酒聊天、唱OK打牌，或者背上旅行包自由自在地旅行几天，也是生活中无上的乐事，只要不沉溺其中不能自拔就行了。

如果你想要拥有一个没有遗憾、没有悔恨的精彩人生，我们必须要在有限的时间里，去做你认为人生中最重要的事情，而不是把时间浪费在一些与你毫不相关的生活琐事上。当你找到生活的重心时，你想要的一切都会随之而来。

## 4. 有些事现在不做，以后就再也没有机会做

生命中的美好总是短暂、易逝的，而任何人都无法预料未来，所以，不要把希望寄托在未知的等待上面。如果你愿意追寻生命的价值和意义，就不要在等待和迷茫中浪费生命了。想做什么事情，就果敢地去做，即使失败，至少不会徒留遗憾。

有一位丈夫，在他的妻子离世之后，写下了下面这段话："我真的不敢相信这是真的。她特别喜欢花，总是希望我能送鲜花给她，但是我觉得太浪费，等我们经济条件更宽裕点，等我们的小儿子也成年之后，我就可以送花给她了。所以，我总推说等到下次再买。结果，现在她再也收不到我的花了。我只能在她死后，用鲜花布置她的灵堂。"

在妻子健在的时候，没能为妻子送上一束鲜花，死后就是用鲜花布满灵堂，妻子也看不到了，这样做不过是对生者的宽慰罢了！在生活中，有太多人不肯把握当下，却把希望寄托在未知的等待上，从而酿成了永无弥补的哀伤。温特森（Jeanette Winterson）在

《守望灯塔》中写下这样一句话："当你爱一个人的时候你就应该表达出来。生命只是时间中的一个停顿，一切的意义都只在它发生的那一时刻。不要等，不要在以后讲这个故事。"

人生的追求可分为三种状态：舒服、刺激、辉煌。不论你想获取哪种状态，如果自己现在没有身处其中，都免不了要付出一些代价去作为交换。可是，如果你把时间作为代价来交换，真的能换来你想要的生活吗？当然是不可能的，仅仅付出时间的代价，却没有付出与之相应的努力，这种被动的等待，只能换来迷茫和蹉跎。

相信，在我们大多数人身上都曾发生过这样的事情：一个不会水的人想学游泳，他买好了所有的用具，然后搜索了各种培训班，可是，一个夏天过去了，他仍然还是没学会游泳；一个参加工作的人想考公务员，买好了所有工具书，左思右想选好了职位，报了名，可是，就在考试的那天，却因为一点点小事而没去考试……

人们一辈子总是在准备着、准备着，想等到万事俱备再去做自己想做的事情。殊不知，人生短暂，总会有太多的意料之外的事情发生，当你真正想做的时候，恐怕就真的再也没有机会了。石油大王洛克菲勒在给他的儿子的信里这样写道："很多人都承认，没有智慧的基础的知识是没用的，但更令人沮丧的是即使空有知识和智慧，如果没有行动，一切仍属空谈。行动与充分准备，其实可视为物体的两面。人生必须适可而止。做太多的准备却迟迟不去行动，最后只会徒然浪费时间。换句话说，事事必须有节制，我们不能落入不断演练、计划的圈套中,而必须承认:不论计划有多周详,我们仍然不可能准确预测最后的解决方案。"

很多人都想等到万事俱备的时候再去行动,以为这样就可以万无一失。然而,到处都是机会,万事俱备、完美无缺却很难实现。一定要等到每一件事情万无一失以后才去做,这是傻瓜的做法,也是一种怯懦的表现。你必须相信,面前正是一次最好的机会,抓住这次机会,你才不会让自己陷入等待的泥沼里无法动弹。

万事俱备是一种永远不存在的状态。等我准备好了再旅行,等我准备好了再表白,等我准备好了再结婚……这只是一种理想状态,很多事不开始做,根本不知道该准备些什么。有些事现在不做,一辈子可能都不会做了。

有一句古话说得很好:"树欲静而风不止,子欲养而亲不待。"就拿"尽孝"这件事而言,我们永远也不会有准备好的时候。你总是在想:"我现在一个人在外辛苦打拼,我没车、没房,不能衣锦还乡,我要在成功之后再将父母接来,那时我才有足够的力量给他们幸福……"人生充满变数,谁知道,谁能确定你的未来就一定能灿烂、完美如花呢?况且,即使在未来的某天你达到了你理想的状态,可是,到那个时候,你又会有其他忙不完的事、理不清的头绪和不尽如人意的经济状况。所以,尽孝要趁早,不要等到将来的某一天,就在当下,竭尽你所能去为父母做一些力所能及的事情。其实,父母想要的并非是你带给他们大富大贵,哪怕只是清晨的一声问候,或是常回家看看,为母亲刷刷筷子洗洗碗,为父亲捶捶后背揉揉肩的小事,都会让父母感到无比幸福。

不论是及时尽孝,还是去学自己感兴趣的技术,或者去远方来一场旅行,你都没有必要等待。在你有足够的能力善待自己的时候,在你有足够的能力提高自己的时候,就立刻去做吧。所谓的最好的时机,往往就是现在这一刻。想做什么,想要什么,不要等待那个虚无缥缈的"某一天",现在就可以开始准备了。

当然,很多时候,等待也是必然的。例如,面包必须要等到烤熟的时候再去吃,要想过上春天你就必须耐心地过完冬天。在尊重自然规则的前提下,面对你的人生,面对你的未来,面对你的命运,你不可以等待某一天或某一个奇迹出现,更不可以对此产生依赖心理。因为,等待不仅很可能让你一无所获,更容易产生恶性循环。没有等到想要的结果固然会让你沮丧,但等待的过程更是让人迷惘。久而久之,你会对自己的能力、自己的人生产生怀疑。你会逐渐习惯于这种被动的"等待",而不会主动地去创造幸福。最终,"等待"这一习惯就会吞噬了你所有的信心、希望和激情,你真的就只能继续等待下去而别无选择了。

生命中的美好总是短暂、易逝的,而任何人都无法预料未来,所以,不要把希望寄托在未知的等待上面。如果你愿意追寻生命的价值和意义,就不要在等待和迷茫中浪费生命了。想做什么事情,就果敢地去做,即使失败,至少不会徒留遗憾。

## 5. 挫败并不可怕，可怕的是失去重新开始的勇气

人的一生要经历很多个阶段，一个阶段的生活结束了，成功也好，失败也罢，都已经成为历史。无论你怎样追忆，那终究已成为过眼烟云，一去不复返了。你唯一能做的就是调整好心态，鼓足勇气，重新开始。只要你愿意去努力改变现状，一切都还不晚，一切都还来得及。

人们常说："人生不能够重来。"那是针对已逝去的岁月而言的。逝去的岁月我们确实无法改变，但是现在和将来却依然掌握在我们自己的手中。只要你做，一切都还来得及；只要你想，人生随时都可以重新开始。

有一个农村女孩经历了残酷的高考，幸运地考上了北京的一所大学。在她的家乡人看来，北京就像天堂一样，只可仰望，不可企及，而她居然考去了北京，她是父母眼中的骄傲，整个镇子都知道她很有出息。她带着新奇来到北京，这样繁华、这样高档的生活，带给她许多刺激。一年后，最初的兴奋很快就过去了，她很失落。

因为，在来北京之前，她是父母眼中的骄傲，她是年级里的优等生，是老师、同学关注的焦点，她鄙视玩世不恭之人，生活中完全中规中矩，那时的她，认为烫头发都是坏学生的表现。

可是，现在，她发现，原来她周围的人都很优秀，她普通得不能再普通，她没有了被人捧在手心的感觉。同时，她也很土，她说着一口让人嘲笑的方言，没有时尚、漂亮的衣服，对很多新鲜的事物也不懂，可她又很羡慕那些穿着时尚又懂很多东西的人，她除了学习什么都不会，不会弹琴，没有特长。

再者，原来她的学校，在北京也只是一所普通的重点大学而已，周围的舆论给了她一种信息，就是她所在的大学其实很受歧视，她开始羡慕清华、北大的同学，校园是那么大，名气更是响当当……

这种失落感让她日渐自暴自弃，她开始整天泡在网吧，上网聊天、打游戏，逃课去逛街买衣服……最后甚至达到了挂科的地步。

直到大四那年，她的家里遭遇了一场大火，家产被烧得精光，而母亲也不幸身亡。父亲打来电话委婉地告诉她，希望她减少生活费。在这样的打击下，她终于崩溃了，她整个人失去了生气，不是因为没有钱，而是突如其来的灾祸残酷地摆在了她的面前，让她措手不及。

她觉得自己是如此差劲，她受不了别人鄙视的眼光，受不了父亲期盼的眼神，受不了母亲的突然离去。然而，她最受不了的，是自己对自己的失望,她甚至想结束自己的生命,但她有不舍,又有不甘。

最后,她的理智战胜了脆弱,就在她最绝望的时候,她没有放弃自己,而是选择重整旗鼓。可这时,已经到了实习期,她只能到社会上去弥补曾经荒废的大好时光。离开校园后,她便下定决心要自己独立生活,不再伸手向父亲要钱。她每天早出晚归,她做过服务员,做过勤杂工,换了很多工作,虽然很累,但她觉得很充实。在她看来,服务员、勤杂工并不可耻,因为她在靠自己的力量生活;实习生也不卑微,因为她在努力生活,在逐渐走向优秀。直到她经过自己的努力成为一名五星级酒店的总经理的那一刻,她才真正意识到:其实,挫败并不可怕,可怕的是失去了重新生活的勇气。

人的一生要经历很多个阶段,一个阶段的生活结束了,成功也好,失败也罢,都已经成为历史。无论你怎样追忆,那终究已成为过眼烟云,一去不复返了。你唯一能做的就是调整好心态,鼓足勇气,重新开始。只要你愿意去努力改变现状,一切都还不晚,一切都还来得及。

在我们的身边,一定有很多身陷挫败而不能振作的人,如果你也是,那么,你是幸运的,因为这是你主宰自己命运的开始,虽然这个转变很痛苦。人与动物的最大差别就是人有灵性,相信你肯定不想一辈子庸庸碌碌,不想一辈子跟风……可是,一旦你选择了这条路，你要知道，你所选择的不是一条铺满鲜花的路，可能没人支持、不被理解、会被嘲笑，但请你不要放弃，你所选择的是一条有很多异样风景的、充满思想光辉的路，很多人没能坚持走下去，甚至选择了结束生命，但是，你一定要挺住，为了心中的那份不舍与不甘，不管经历怎样的痛苦，都不可以放弃。

坚持下去，我们不仅仅能收获成功，还有快乐、充实、多彩的人生。你想想，一个有思想又愿意努力的人，怎么可能不成功？一个人可能很努力，但没有自己的思想，他一辈子不知道为自己活，比起你所经历的痛苦，这简直就是悲剧。只要你还有思想，只要你肯坚持下去，那么，所有的苦难都是值得的。一个永远按照安排走、永远听话的人，他一辈子都不会受到质疑，他永远都会受到表扬，这样的人生其实才是悲剧。有篇文章叫《乖孩子为何没糖吃》，主人公人到中年才醒悟，而你现在就知道了，你是很幸运的！

生命是最宝贵的，不要因为冲动，不要因为挫败就轻易说放弃，如果你连死的勇气都有，那还有什么能阻挡你成功？别人都可以战胜挫折，重新开始生活，你也一定可以！

## 6. 所有的明天都要从今天开始

每一个辉煌的明天，都必须经历一个不抱怨、不责难，不断努力的今天。不要抱怨生活的不公平，因为你看到的只是那些成功人士身上的闪光点，却不知道他们过去到底付出了怎样的代价，才换取了现在这样的人生。

每个人都要经过一段为未来努力拼搏的艰苦岁月，或许是三年五载，或许是十年八年，又或许需要更长的时间，但是，无论多久，只要你咬牙挺过去了，也就没什么了。步入社会的人都知道，没有谁躺在枕头上哼着小曲就能实现梦想。你明天过得好不好，取决于你今天怎么过，你今天付出过怎样的努力，才配实现明天的梦想。

兰兰在某三级本科院校学习平面设计。在大学期间，她时刻提醒自己要努力学习，因为自己没有名牌大学做后盾，那就只能在专业知识上强化自己的能力。为了强化自己的专业技能，她每天早出晚归，课余时间都泡在图书馆里学习一些与平面设计相关的课外知识。功夫不负有心人，大四实习期间，她被一家知名玻璃制品贸易公司破格录用了。

然而，在兰兰满心欢喜地入职报到那天，她发现老板对她很冷淡。原来，老板看她是个三级本科院校毕业的，觉得她不会有什么作为，尽管人力部门经理一再告知老板说兰兰在面试过程中表现尤为突出，所以才破格录用，但老板还是不相信一个三级本科院校毕业的学生能有什么突出技能。

在兰兰入职的几天后，一家澳大利亚公司的贸易代表来公司考察。两家公司事先有一笔数百万元的玻璃水杯出口订单，但没有最后拍板，因为水杯上没有任何装饰色彩和图案。于是，老板尝试性地把设计任务交给了兰兰，想着如果她做不好，就让她走人。

兰兰接到这个任务，感觉似乎有千斤重担压着自己一般。但兰兰有股不服输的劲儿，什么事都不愿落在人后，既然要做就一定要做好。于是，她立即开始做准备工作。兰兰先到营销部找销售员了解什么样的杯子好销，这个单是如何签到的，然后到开发部看师傅们如何设计，最后又下车间看每一道生产工序，看工人是如何生产的。就这样一天过去了，她对于杯子的设计方案还仍是毫无进展。下班回家后，她依然沉浸在这档子事里，她上网查看各种杯子的生产历史、造型、图案。渐渐地，她感觉自己仿佛生活在了杯子的世界里，就连在晚上睡觉时，做梦梦见的都是杯子。

直到第三天，兰兰开始上网查询澳大利亚当地的风土人情、审美趣味、文化艺术、广告设计，并在搜到的英文网页中慢慢揣摩，她才渐渐有了一点灵感。接着，她开始摸索使用电脑设计软件，然而，当草图出来后，她又觉得不够理想。她想澳大利亚客户之所以来中国签单，一定是看好中国历史文化的博大精深，所以，她觉得应该在设计中融入中国元素，但也要体现澳大利亚人的习俗爱好。于是，她又参考了中国的传统服饰、徽派建筑特色、奥运设计等，设计出了一些中西结合的样品。

在那一个星期里，兰兰每天工作至少18个小时，她整天脑子里都在想着这一件事，累得头昏脑涨、腰酸背痛、手脚水肿。最后，总算从设计的几百幅作品中挑选出五幅水杯图案，传到澳大利亚后，客户看到她设计的样品非常满意，最后敲定了那笔数百万元的订单，之后又追加了一倍的订单。

这次任务的圆满完成，让老板对兰兰刮目相看，决定她可以继续留用，还给了她一些奖金。再后来，经过她的努力奋斗，老板又提升她为企划总监，负责公司的设计工作。

每一个辉煌的明天，都必须经历一个不抱怨、不责难，不断努力的今天。对于刚步入社会的年轻人而言，你的人生才刚刚开始，迷茫、困惑都是再正常不过的，有时候应该试着给自己施加一点压力，不要总想着给自己留退路。不要抱怨生活的不公平，因为你看到的只是那些成功人士身上的闪光点，却不知道他们过去到底付出了怎样的代价，才换取了现在这样的人生。

一个人20岁出头的时候，除了仅剩不多的青春以外，还有什么？但是你手头为数不多的青春却能决定你变成一个什么样的人。你将来成为一个什么样的人，很大程度上取决于这个阶段你做了什么。

人生最好的状态就是，平静但不平庸的生活。即使是一个人生活，穿越一个又一个城市，走过一条又一条街道，仰望一片又一片天空，见证一次又一次别离。在别人质疑你的时候，你可以问心无愧地对自己说："虽然每一步都走得很慢，但是我不曾退缩过。"

但是，如果时至今日，你今天还过着和过去一样的生活，如此状态，就注定了你的未来也将如此。生活不是用来重复的，要想拥有一个熠熠生辉的人生，你从今天起就要开始改变，从现在开始不要只玩游戏，不要只顾逛街，多去读书，多读好书，读书不能直接帮我们解决人生的困惑，却能为我们提供更多角度去思考问题。多努力，如果你不对年轻的自己狠一些，生活就会对你更狠。

年轻，正是吃苦的时候，正是奋发努力的时候，你今天努力的程度，决定了你明天收获的多寡。你一定要相信，你的每一次奋发努力，必有加倍的奖赏。

# 第七章 沉住气,别在黎明前放弃

今天你所做的每一点看似平凡的努力都是在为你的未来积累能量。人的一生,都难免要经历一些艰难险阻,你不能轻言放弃,要满怀信心,不抛弃、不放弃,耐得住眼前的寂寞,全力迎接未来的成功。因此,不管世事如何变幻,不论身处何时何地,只要你始终能够泰然处之,并坚持尽自己的最大努力做好该做的事情,时刻提醒自己:所有人生路上的曲折、坎坷都不过是为了协助你完成人生这场绚烂表演的铺垫、背景和旁白。

## 1. 纵有疾风来，也不能轻言放弃

任何成就都来源于持久不懈的努力，你要把人生看作一场持久的马拉松。整个过程虽然漫长而艰辛，但在挥洒汗水的时候，我们就已经在慢慢地靠近成功的终点了。如果我们在中途放弃，我们就必须要另寻新的起点，那样，我们只会更加迷失，可是，如果能坚持原路行进，终点就不会弃我们而去。

人的一生，都难免要经历一些艰难险阻，即使是面对疾风骤雨，你也不能轻言放弃。只要你满怀信心，不抛弃、不放弃，那么，总有一天，你能走出困境，让自己获得重生的力量。

随着《哈利·波特》风靡全球，它的作者 J. K. 罗琳成了英国最富有的女人之一。但是，她也曾有过一段穷困落魄的时期，而她的成功恰恰在于她坚持自己的信念。

罗琳从小就热爱文学，热爱写作和讲故事，而且她从来没有放弃过。大学时，她主修法语。毕业后，她只身前往葡萄牙发展，随即和当地的一位记者坠入情网，并结婚。只可惜这段婚姻来去匆匆。婚后不久，丈夫的本来面目暴露无遗，他经常殴打她，并不顾她的哀求将她赶出家门。不久，罗琳便带着3个月大的女儿杰西卡回到了英国，栖身于爱丁堡一个没有暖气的小公寓里。丈夫离去，工作也没有了，她居无定所，身无分文，再加上嗷嗷待哺的女儿，罗琳一下子变得穷困潦倒。她不得不靠救济金生活，经常是女儿吃饱了，她还饿着肚子。

然而，家庭和事业的失败并没有打消罗琳写作的积极性，用她自己的话说："或许是为了完成多年的梦想，或许是为了排遣心中的不快，也或许是为了每晚能把自己编的故事讲给女儿听。"她成天不停地写作，有时为了省钱省电，她甚至待在咖啡馆里写上1天。就这样，在女儿的啼哭声中，她的第一本《哈利·波特与魔法石》诞生了，并创造了出版界奇迹，她的作品被翻译成35种语言在115个国家和地区发行，引起了全世界的轰动。

没有任何成功是轻而易举的，在通往成功的路上，不论遇到任何艰难险阻，只要你不轻言放弃，保持足够的恒心与耐力，那么，你就一定能获取百折不挠的巨大力量去战胜困难，走向成功。

有一位青年问著名的小提琴家格拉迪尼："你用了多长时间学琴？"格拉迪尼回答："20年，每天12小时。"也有人问基督教长老会著名牧师利曼·比彻："你为那篇关于'神的政府'的著名布道词，准备了多长时间？"牧师回答："大约40年。"

当然，我们与大千世界相比，或许显得是那样的微不足道，不为人知，但是，只要我们坚定信念，不轻言放弃，就能够耐心地增长自己的学识和能力，这样，当我们成熟并能一展所能的那一刻，将会创造出惊人的成就。正如布尔沃所说的："恒心与忍耐力是征服者的灵魂，它是人类反抗命运、个人反抗世界、灵魂反抗物质的最有力支持。从社会的角度看，考虑到它对种族问题和社会制度的影响，其重要性无论怎样强调也不为过。"

拥有恒心和耐力，虽然不一定能保证我们事事成功，但绝不会令我们事事失败。古巴比伦富翁拥有恒久的财富秘诀之一，便是保持足够的耐心，坚定发财的意志，所以他们才有能力建设自己的家园。

任何成就都来源于持久不懈的努力，你要把人生看作一场持久的马拉松。整个过程虽然漫长而艰辛，但在挥洒汗水的时候，我们就已经在慢慢地靠近成功的终点了。如果我们在中途放弃，我们就必须要另寻新的起点，那样，我们只会更加迷失，可是，如果能坚持原路行进，终点就不会弃我们而去。也许，在我们每个人的心里，都曾有一个执着的愿望，只是我们一不小心就把它丢失在了时间的蹉跎里，让天下间最容易的事变成了最难的事。

然而，天下事最难的不过1/10，能做成的往往有9/10。一个想要成就一番大事业的人，尤其需要有恒心来成就它，要以坚韧不拔的毅力、百折不挠的精神、排除纷繁复杂的耐性、坚贞不变的气质，去实现你人生的重大目标。

## 2. 成功尚未垂青你，只是你不够努力与坚持而已

凡事皆有因果，不要再抱怨任何事情了，命运从未亏欠过你什么，反而是你亏欠了对生活的认真和负责。如果你想要遇到更好的人，你至少要成为一个足够好的人；如果你想谋得更好的工作，你至少要有较强的工作能力和经验。你要知道，不是你时运不济、命途多舛，只是你不够努力与坚持而已。

有一群人在缓慢而艰难地朝着目的地前进，并且他们每个人都背负着一个沉重的十字架。途中，有一个人忽然停了下来。他心想："这个十字架实在是太沉重了，就这样背着它，得走到何年何月啊？"

于是，他拿出刀，作出了一个惊人的决定：将十字架砍掉一些。他真的这么做了，开始砍十字架……

砍掉之后走起来，的确是轻松了很多，他的步伐也不由得加快了。于是，他就这样继续往前走，又走了很久。他又想："虽然刚才已经将十字架砍掉了一块，但它还是太重了。"为了能够更快、

更轻松地前行，这次，他决定将十字架再砍掉一大块。他又开始砍了……

这样一来，他一下子感到轻松了许多！于是，他毫不费力地就走到了队伍的最前面。

当其他人都在负重奋力前行时，他呢，却能边走边轻松地哼着歌！走着走着，谁料，前边忽然出现了一个又深又宽的沟壑！沟上没有桥，周围也没有路。他，该怎么办呢？

后面的人都慢慢地赶上来了。他们用自己背负的十字架搭在沟上，做成桥，从容不迫地跨越了沟壑。

他也想如法炮制。只可惜啊，他的十字架之前已经被砍掉了长长的一大截，根本无法做成桥帮助他跨越沟壑！

于是，当其他人都在朝着目标继续前进时，他却只能停在原地，垂头丧气，追悔莫及……

其实，在现实生活中，我们每个人每一天都背负着各种各样的十字架，在艰难前行。它也许是我们的学习，也许是我们的工作，也许是我们的情感，也许是我们必须承担的责任和义务。有时候我们会因为它们过于沉重而产生压力，也会觉得很累，甚至会有想要放弃的想法。可是，这些都是我们通向美好未来所必须承担的重任，今天你所做的每一点看似平凡的努力都是在为你的未来积累能量！不要等到老了、跑不动了再来后悔！

如今，很多年轻人都把失败的原因归根于时运不济、命途多舛，其实不然，是你先放弃了你本该承担的生命之重。试想，你在本该播种的季节，因为害怕劳累而放弃了播种，那么，你又如何指望能在收获的季节有所收获呢？

凡事皆有因果，不要再抱怨任何事情了，命运从未亏欠过你什么，反而是你亏欠了对生活的认真和负责。如果你想要遇到更好的人，你至少要成为一个足够好的人；如果你想谋得更好的工作，你至少要有较强的工作能力和经验。你要知道，不是你时运不济、命途多舛，只是你不够努力与坚持而已。

每个人都有一个既定且唯一的人生轨迹，它通向你期望的终点，并且越走越宽，只要你坚定地持续不断地走下去，就会越来越轻松，收获得越来越多，并最终得到幸福。可是，这唯一的轨迹上布满了各种各样的障碍和挑战，并不时分出岔路，这些岔路越往后越荆棘丛生。有些人因为这些阻碍而放弃了本该承担的重任，也有些人因为有些路看起来更平坦选择了其他的岔路，由此一来，他的人生只能越走越艰难，越来越窄。最终，他们的人生也只能止步于他们放弃梦想的地方，并与梦想擦肩而过，与懊悔和悲剧终生为伴。

那些成功之人之所以能够取得成功，是因为他们足够努力与坚持，才让自己看起来赢得毫不费力，而拈轻怕重之人看不到他们背后付出的艰辛和汗水，便认为他们只是足够幸运。可是，你未来之路的顺畅与否，取决于你上一刻的表现：你在过去走过的路越是艰难,那你后面将要走的路便会越通畅;相反,你过去所选择的是一条看似平坦的路,那你后面将要走的路或者是岔路,或者是弯路,或者越走越崎岖。

生命中蕴藏着一个很奇妙的逻辑,如果你真的过好了今天,那么,你的明天应该还不错。如果你在大一的时候能安安稳稳地做好大一学生应该做的事情,那么,你的大四应该很不错。生活中很多事情不是看到了希望才去坚持,而是因为坚持了才会看到希望。

无论人生有多绝望、多悲哀,你都要勇于挑起人生的重担。即使你不够聪明,至少你还能做的就是足够努力和坚持,当你坚定不移的时候,你距离成功也就不远了!

## 3. 面对窘境，更需活得从容淡定

生活的所有启示在于，让人能够看破生活的纷扰，活出一种淡定和从容，既有入世的温暖，又有出世的淡然，从而去化解生活中的那些患得患失。不管经历多少人生浮沉，只要能够历练出人生百味，活出人生的那份安静与泰然，付出任何代价都是值得的。

人生无坦途，谁都难免要经历一些窘境，例如贫寒、危机、灾难、险阻等。面对这些窘境，一个泰然自若的平和心态显得尤为重要。所以，不管世事如何变幻，不论身处何时何地，只要你始终能够泰然处之，并坚持尽自己的最大努力做好该做的事情，那么，任何的窘境都不会影响你走向成功。

林旭是某师范中专的保送生，由于家境贫困，他靠自己的努力争取到读某师范大学中文系的名额。他写文章很有一手，在读中专的时候，他就发表过很多诗歌和文章，所以一进学校就被任命为文学院的宣传部副部长。在军训期间，每周一期的《军训特刊》的卷首语都是他写的，由于卷首语的精彩，让很多新生对这本不成规模的期刊爱不释手。

在读大学的四年间,为了让父亲减轻负担,他每学期的生活费来源就是为数不多的稿费和奖学金。有时为了买一些他喜欢的文学作品,他一日三餐就靠馒头和方便面来填饱肚子。有时,他与他的同学在一起吃饭,同学们都知道他生活拮据,执意为他埋单,但他总是拒绝,因为他不想欠同学的人情,他也知道自己没有那么多生活费去回请同学。

然而,生活的窘迫并没有影响林旭对学业与梦想的渴望与追求,他一直都是泰然处之。为了让自己的生活费有着落,也为了有朝一日实现他的文学梦,他知道必须努力学习,争取每学期都能拿到奖学金,同时,他还要在课余时间写稿,去赚那少得可怜的稿费来维持生活。就是在这样的艰苦条件下,他还坚持做好宣传部的工作,尽自己宣传部长的职责,他经常会突发奇想,创办各种活动来丰富同学们的业余生活。大二那年,他又成为文学院院报的主编,他负责创办的院报,得到文学院老师的一致好评,并深受文学院学生的喜爱,很多其他院系的学生也都慕名通过各种渠道把院报找来看一看。同时,他还经常鼓励并帮助那些热爱文学的同学去执笔写作,并帮助一些写出优秀作品的同学联系外界出版社、报社等发表他们的作品。他的很多同学都曾受过他的帮助,并因此走上了文学创作之路。

大四毕业时,林旭出版了自己的诗集,是他多年的作品,薄薄的一本,每一个字都是他在停止供电后的烛光下写出来的。也正是因为这本诗集的出版,使得他顺利被北京一家知名的教育报社聘用。再后来,他又凭借他的出色的写作功底和丰富的经验,顺理成章地坐上这家报社主编的位置。

境由心生,命运掌握在自己的手中。以乐观积极的态度看待生活中的窘境,就一定能够战胜任何艰难险阻,最终走向成功。当环境无法改变时,不如改变眼光看它,适应它,然后从中受益。生活中太多的不可测因素,如果事事计较,情绪难免大喜大悲,起伏不定。生活中,有的人为了摆脱生活的困窘,放弃尊严,攀龙附凤;有的人为一职称,同事之间,明争暗斗,尔虞我诈;有的人为一荣誉,朋友之间,钩心斗角,唇齿相讥;有的人为一蝇头微利,兄弟刀枪相向,亲人反目相斗……世界如此险恶,最重要的一点就是要学会泰然面对生活的窘境。

所谓泰然,就是在危难时不慌不乱,在兴奋时不会忘乎所以,悲伤时不会痛不欲生;就是在面对成功时不骄不躁,在面对失败时不悲不弃;就是在平凡的岁月中自得其乐,在山崩地裂时气定神闲。淡泊明志、宠辱不惊是人生应该达到的最高境界,是心灵在风雨历练中的升华。

把名利看穿,把成败看透,把荣辱看淡,凡事不必太过苛求。看淡些,看开些,我们的人生才会豁然开朗。如果你当真对成功有着强烈的渴望,那就更应该把名利金钱看得淡一些,更应该在困难面前沉着冷静,在窘境面前泰然自若。因为一个人的力量和潜能只有在把世俗之心全然放下的情况下才能得到极致的发挥,海纳百川的胸怀必能使你在人生的征程上乘风破浪越走越远。

生活的所有启示在于,让人能够看破生活的纷扰,活出一种淡定和从容,既有入世的温暖,又有出世的淡然,从而去化解生活中的那些患得患失。不管经历多少人生浮沉,只要能够历练出人生百味,活出人生的那份安静与泰然,付出任何代价都是值得的。

## 4. 耐得住寂寞，才能守得住繁华

一个心中怀揣梦想的人，要耐得住没有星空的夜晚，要耐得住无人欣赏时的寂寞。即便长夜漫漫，全世界都在否定你，你仍然可以坚持你的梦想。唯有坚信自己，才能勇敢寻梦。

王国维曾在《人间词话》里说过这样一段话：

"古今之成大事业、大学问者，必经过三种境界：'昨夜西风凋碧树。独上高楼，望尽天涯路'，此第一境界也；'衣带渐宽终不悔，为伊消得人憔悴'，此第二境界也；'众里寻他千百度，蓦然回首，那人却在灯火阑珊处'，此第三境界也。"

每一个成功者都必然要经历一段寂寞的旅程，只有耐得住寂寞，并执着、无悔地向着梦想前进，最终才能守得住随成功而来的繁华景象。寂寞，是一段无人相伴的旅程，是一方没有星光的夜空，是一段没有掌声的时光。它会使空虚的人更感孤苦，使浅薄的人更加浮躁，使睿智的人更为深沉。然而，人生的这条路，不论难易与否，我们都要自己走。在命运的航程中，无疑每个人都是独行者。一个怀揣梦想的人，必然要耐得住没有星空的夜晚，只有耐得住黑夜的寂寞，才能迎来未来的成功。

佳闻一直梦想着有朝一日能成为一个作家，因此，她一直在朝着这个方向努力。高中时分文理班时，她选择了读文；考大学时，她报了师范大学的中文系。在读大学期间，学习压力没那么大，她也有更多的时间去读书、写作。当室友们每天都忙着谈恋爱、吃喝玩乐时，她却一头扎在图书馆里读名著、研究文学，灵感来的时候还会写点东西。为了实现自己的作家梦，佳闻节衣缩食半年，用自己省下来的钱买了一台电脑，这样，就方便了自己在业余时间写作。

有时候，佳闻会忍不住把自己用心写好的文章，分发给室友们看，她的室友也就成了她的第一批读者。而佳闻只是告诉她们，自己是随便写着玩的，她从来不敢说自己的梦想是当一名作家。因为在她看来，梦想是一个说出来就矫情的东西，它就像在暗地里生长的一颗种子，只有破土而出，拔节而长，终有一日开出花来，才能正大光明地让所有人都知道、都看见。

佳闻的室友都觉得佳闻有些不可理喻，因为在她们看来，佳闻写的文章并不好。而又见她如此坚持不懈地写作，她们便不耐烦地劝告她："梦想就像一只打不死的'小强'，你又何苦抓住它不放呢？"她们这是在婉转地告诉她，既然没有这个天赋，何必再固执己见呢？

可是，不管室友怎么说，她就是不服输，她不但没有放弃，还开始往各大报社投稿，结果，这些投出去的稿子就如石沉大海，杳无音信。

于是，室友们更有理由打击佳闻了："你写了那么多稿子，或许报社的编辑连看都不会看，就被人家扔到垃圾桶里去了。""他们第一次不看，我就一直投，直到他们肯看为止。"佳闻坚定地回答。有时候，有的室友会暗含讥讽地和她开玩笑说："大作家，给我们签个名吧，也许50年后，你成名了，我们还可以拿你的签名买根冰棒吃呢。"有时候，室友也会好言相劝："还是务实点儿吧，好好学习，毕业后一定能找份好工作的。""可是我的梦想就是当一名作家，难道想当作家就是不务实吗？"佳闻心里暗暗想着，对她们的话充耳不闻，只顾看自己的书，写自己的稿子。

在那段不被任何人看好的时间里，佳闻几乎把所有的业余时间都花在了提高写作水平上。她阅读了大量的名著，每天都坚持写作，不管多累多苦，她都告诉自己一定要坚持住。想要实现别人那看似不可能的梦想，就要付出常人无法想象的努力，才能达到自己的目的。

大三那年，佳闻的第一篇散文终于发表了，虽然仅仅是一篇豆腐块大小的文章，但佳闻感觉到从未有过的幸福。当佳闻喜滋滋地把样刊给室友们分享时，室友们却不屑地嘲笑她说："那是杂志版面不足了，找不到稿子，才让你捡了个便宜。"此时的她，对这些冷嘲热讽早已习以为常了，她甚至觉得，她的生活中可能还需要这么一味添加剂——别人越是否定自己，她就越要对自己充满信心。一个人能够经得住多大的诋毁，就能受得起多大的荣耀。

大学毕业后，佳闻的文章已经在很多知名的报刊上发表，她还相继出版了自己的图书，而且在图书排行榜上名列前茅。而那曾经嘲讽佳闻的室友也早已散布在天涯海角，当她们得知佳闻取得如此大的成就时，仍然真诚地从远方送来了美好的祝福。

耐得住寂寞，才能守得住繁华。每一段风华正茂的青春，心中都应该装着绚丽多姿的梦想，纵使气馁过，挣扎过，也要迅速调整自己的步伐，毫无畏惧地朝前走。

其实，每个人在追求梦想的道路上，都难免要遭遇各种无情的打击。在那段无人陪伴、不被人欣赏的寂寞时光里，或许你会因为自己的才貌平庸而想要放弃自己的梦想。可是，你要知道，如果你连这仅有的梦想都不去实现，那么，以后人生的路你还怎么走，岂不是一遇到挫折就要放弃，最终，你岂不是要永无翻身之日了吗？

一个心中怀揣梦想的人，要耐得住没有星空的夜晚，要耐得住无人欣赏时的寂寞。即便长夜漫漫，全世界都在否定你，你仍然可以坚持你的梦想。唯有坚信自己，才能勇敢寻梦。

## 5. 你要相信自己，可以一个人度过所有孤独

为了摆脱那段孤独、黯淡的时光，我们曾经拼尽全力去奋斗，把自己当成陀螺一般。然而，当我们在未来某天终于达到了你所期待的成功状态时，我们会发现，正是那段一个人面对所有的艰辛时光，让我们尝到了人生的各种滋味而变得越发成熟起来，也为我们未来的成功奠定了基础。每每念及过往的种种，我们甚至会被自己当初的勇敢和坚持所感动。

在车站，父母转身离开后，你会感到孤独；

分手时，另一半挂断电话，你会感到孤独；

一个人进屋，漆黑冷清，你会感到孤独；

无眠的夜里，想起一个人却失去了对方的联系方式，你会感到孤独；

身在鼎沸人群中，不被人正眼看待，你会感到孤独；

同行数十人，没有志同道合者，你会感到孤独；

一群人成功，自己失败，你会感到孤独；

一个人成功，其他人失败，你会感到孤独……

孤独是一个没有明确答案的名词，是多种情绪的化身，是你一个人的狂欢，你必须要独自面对很多人和事。为了摆脱那段孤独、黯淡的时光，我们曾经拼尽全力去奋斗，把自己当成陀螺一般。然而，当我们在未来某天终于达到了你所期待的成功状态时，我们会发现，正是那段一个人面对所有的艰辛时光，让我们尝到了人生的各种滋味而变得越发成熟起来，也为我们未来的成功奠定了基础。每每念及过往的种种，我们甚至会被自己当初的勇敢和坚持所感动。

1987年3月30日晚上，洛杉矶音乐中心的钱德勒大厅内灯火辉煌，座无虚席，人们期盼已久的第59届奥斯卡金像奖的颁奖仪式正在这里举行。在热情洋溢、激动人心的气氛中，仪式一步步地接近高潮——高潮终于来到了。主持人宣布：玛莉·马特琳在《上帝的孩子》中表演出色，获得最佳女主角奖。全场立刻爆发出雷鸣般经久不息的掌声。玛莉·马特琳在掌声和欢呼声中，一阵风似的快步走上领奖台，从上届影帝——最佳男主角奖获得者威廉·赫特手中接过奥斯卡金像。

手里拿着金像的玛莉·马特琳激动不已。她泪流满面，似乎有很多话要说，可是人们没有看到她的嘴动，她又把手举了起来，但不是那种向人们挥手致意的姿势，眼尖的人已经看出她是在向观众打手语，她在用自己的表情和手语向观众讲述自己的人生经历。

原来，这个奥斯卡金像奖最佳女主角奖获得者，竟是一个不会说话的聋哑女孩。

玛莉·马特琳出生时是一个正常的孩子，但出生 18 个月后，她在一次高烧中失去了听力和说话的能力。然而，她并没有因此放弃生活下去的勇气和对梦想的追逐。她从小就喜欢表演，8 岁时加入伊利诺伊州的聋哑儿童剧院，9 岁时就在《盎司魔术师》中扮演多萝西。

但 16 岁那年，玛莉被迫离开了儿童剧院。所幸的是，她还能时常被邀请用手语表演一些聋哑角色。正是这些表演，使玛莉认识到了自己生活的价值，克服了无声世界的孤独。她利用这些演出机会，不断锻炼自己，提高演技。

1985 年，19 岁的玛莉参加了舞台剧《上帝的孩子》的演出。她饰演的是一个次要角色。可就是这次演出，使玛莉走上了银幕。

女导演兰达·海恩丝决定将《上帝的孩子》拍成电影。可是为物色女主角——萨拉的扮演者，导演大费周折。她用了半年时间先后在美国、英国、加拿大和瑞典寻找，竟然都没找到中意的。于是，她又回到了美国，观看舞台剧《上帝的孩子》的录像。她发现了玛莉高超的演技，立即决定起用玛莉担任影片的女主角，饰演萨拉。

玛莉扮演的萨拉，在全片中没有一句台词，全靠极富特色的眼神、表情和动作，揭示主人公矛盾复杂的内心世界——自卑和不屈、喜悦和沮丧、孤独和多情、消沉和奋斗。这需要极其高超的演绎能力，平常人很难做到，而玛莉这个聋哑女孩却做到了。她十分珍惜这次难得的机会，她勤奋、严谨、认真地对待每一个镜头，全身心地投入到剧中角色，因此表演得惟妙惟肖，让人拍案叫绝。

就这样，玛莉·马特琳凭借自己的努力与坚持，终于实现了人生的飞跃，成为美国电影史上第一个聋哑影后。正如她自己所说的那样："我的成功，对每个人，不管是正常人，还是残疾人，都是一种莫大的鼓舞与激励。"

作家刘亮程曾说过："落在一个人一生中的雪，我们不能全部看见。每个人都在自己的生命中，孤独地过冬。"面对人生的孤独时光，我们不能放弃对梦想的追逐，我们要学会忍耐那些劈头盖脸的风霜雨雪，忍耐所有世事艰险，然后依旧坚持，依旧感恩，依旧奋斗，只有这样，我们才能真正地成长与成熟。

从惧怕孤独到忍受孤独再到享受孤独，这对于野蛮生长的我们而言，也许不过是一场电影的时间，一瓶啤酒下肚的时间，一次失恋愈合的时间。总有一天，我们会知道失败是难免的，明白黑暗是人生的常态。于是，我们不再会为"选错公车路线，坐反开往目的地的地铁，被深爱的人拒绝，常去的餐馆换了厨师，来不及看的影片已经下线，团购的优惠券早已过期"而郁闷。

云起时浓，云散便薄。在未来的某一天，我们会突然发现，自己变成了另外一个人，而我们也不再抗拒自己变了，只是会感叹，自己终于能平静地接受这些变化了。我们也不会担心未来的自己会更糟糕，好或坏，不是外界的问题，而是适应能力的问题。其实，我们每个人的适应力和愈合力总比我们自己想象中的要更强大。

生活中，很多人缺少了另外一个人便没有了自己。无论最终你变成怎样的人，你都要相信自己，你可以一个人度过所有的孤独。当年你恐慌、害怕的所有，最终都将会成为你勇敢面对这个世界的盔甲。

## 6. 沉得住气，世界就是你的

我们每个人的生命历程都是如此，都会有那么一段不被人看好、不受人关注的时光。在那段时光里，我们会觉得命运不济、成功无望，甚至会忍不住怀疑自己，否定自己。但是，无论怎样，终有一天，我们会懂得，那段时光是我们人生中必须要经历的日子。正是在那些默默无声的日子里蛰伏，才为日后的闪耀积攒了足够强大的力量。

曾有这样一篇报道：

3200年前，西伯利亚东北部的松鼠将果实深埋地下，深至永冻层，后来，洪水席卷了那个地方，果实被永远地密封在地下。直到2007年，这些果实才被科学家发掘出来。他们拿到了那些果实，并培养出了成活的植物。

可见，不论潜藏多深，掩埋多久，只要不自我毁灭，终会有重见光明的时刻。其实，我们每个人的生命历程都是如此，都会有那么一段不被人看好、不受人关注的时光。在那段时光里，我们会觉得命运不济、成功无望，甚至会忍不住怀疑自己，否定自己。但是，无论怎样，终有一天，我们会懂得，那段时光是我们人生中必须要经历的日子。正是在那些默默无声的日子里蛰伏，才为日后的闪耀积攒了足够强大的力量。

一个人在正常环境下的表现无法说明什么，而在无人监督、无人施压的环境下的行为举止才能体现他的真正人格。评价一个人，要看他在困顿窘迫、悲伤寂寞、疲惫劳累、生气激愤时的表现。在聚光灯之下，每个人都会以最美丽的妆容现身，可是，在夜幕之下，你是否还能坚持以最好的姿态展现自我？一帆风顺之时，每个人都能轻松、从容地顺流而行，可是，在逆风激流之时，你是否还能沉着、冷静地掌控好船舵一往无前？寒冬之下，那独自俏丽的梅花尤为让人惊心动魄；深海之下，一个人的忍耐与坚持则更能打动人心。

任何时候，你都要提醒自己，你才是承载一切美好、绽放万丈光芒的本体。所有人生路上的曲折、坎坷都不过是为了协助你完成人生这场绚烂表演的铺垫、背景和旁白。

青年时期的史泰龙穷困潦倒，但是他始终梦想着有朝一日能够拍电影，当明星。即使当他身上全部的钱加起来都不够买一件像样的西服的时候，他仍全心全意地坚持着自己心中的这个梦想。当时，好莱坞共有500家电影公司。史泰龙根据自己认真画定的路线与排列好的名单顺序，带着为自己量身订做的剧本《洛奇》前去一一拜访。但第一遍下来，500家电影公司没有一家愿意聘用他。

面对100%的拒绝，史泰龙没有灰心，从最后一家被拒绝的电影公司出来之后，他又从第一家开始，继续他的第二轮拜访与自我推荐。在第二轮的拜访中，拒绝他的仍是500家。第三轮的拜访结果仍与第二轮相同。他又咬牙开始他的第四轮拜访，当拜访完第349家后，第350家电影公司的老板破天荒地答应愿意让他留下剧本先看一看。

几天后，史泰龙获得通知，请他前去详细商谈。就在这次商谈中，这家公司决定投资开拍《洛奇》这部电影，并请这位年轻人担任自己所写剧本中的男主角。据统计，史泰龙先后共计经历1849次碰壁，但他没有打退堂鼓，继续坚持不懈，终于在第1850次获得成功，并赢得了全世界的关注与赞誉。

无论何时，遇到怎样的困难，你都要沉得住气，坚持住，世界就是你的。就像明代的吕坤在《呻吟语》中所说："在身处危难之时，内心却安乐；在地位卑贱之时，内心却高贵；在身受冤屈无法伸张之时，内心却豁达，就会无往而泰然处之。把康庄大道视为山谷深渊，把强壮健康视为疾病缠身，把平安无事视为不测之祸，那么你在哪里都会安稳。"如果一个人能够真正领悟并运用好这一处世良方，那么，对任何环境都不难适应，对再复杂的人际关系也不难处理。

对于大学毕业刚入职场的年轻人而言，难免会感到焦虑和迷茫。因为他们会突然发现，学校的知识在工作中一点也用不上，现实根本不是他们所想象中的样子。但是，即使这样，也不要轻易放弃，沉住气，熬过这段沉默的时光。无论任何人的身上，都会有闪光点的，只要去挖掘并把它放大就可以了。而当那光点开始绽放之时，它可以照得更远。

或许此刻，你的头顶没有阳光的照耀，前方漆黑一片，但是，在你的内心深处，有一种东西可以代替阳光来照亮你前行的路。虽然它没有太阳那么明亮，但对深海中的你来说已经足够。凭借着这束光，你便能把黑夜过成白天，便能从绝望中看到希望。这束光，由自我发出，虽然微弱，却永远不会熄灭。阳光固然美好，却也会随时隐退，唯有来源于你自己内心的光芒，才真正由你把握。

你或许无法改变环境，但是，你可以改变对待它的态度。当你不绝望，不抱怨，沉住气，重振自我，重启梦想时，哪怕在深海里独自忍受寂寞的煎熬，也终究会迎来光芒绽放、赢得世界的那一天！

## 第八章

在绝望中寻求希望,即使身临绝境也能绝处逢生

奋斗遭遇的最大障碍就是自身境遇的困境。当你感到困惑时,当你身处绝境时,只要你希望不灭,只要你有目标,只要专注于寻找出路并相信自己必能走出困境,只要你不断去向困难挑战,超越自己,只要你大胆去抓住眼前的任何机会,只要你咬紧牙关向前迈出一步,你就能绝处逢生。

## 1. 人不是生来就要被打败的

在人类的历史长河中，唯一能够永恒存在、实现不朽的就是人类的奋斗精神。奋斗遭遇的最大障碍就是自身境遇的困境，这就需要有一个明确的奋斗目标。如果你连自己要去哪儿都不知道，那么你就哪儿也去不了。

古巴老渔夫圣地亚哥在连续 84 天没捕到鱼的情况下，终于独自钓上了一条大马林鱼，但这鱼实在太大，把他的小船在海上拖了三天才筋疲力尽，被他杀死了绑在小船的一边，在归程中，他一再遭到鲨鱼的袭击，最后回港时只剩下鱼头、鱼尾和一条脊骨。

"一个人并不是生来要被打败的，你尽可以把他消灭掉，可就是打不败他。"这是圣地亚哥的生活信念，海明威在《老人与海》里面热情地赞颂了人类面对艰难困苦时所显示的坚不可摧的精神力量。孩子准备和老人再度出海，他要学会老人的一切"本领"，这象征着人类这种"打不败"的奋斗精神将代代相传。

在人类的历史长河中，唯一能够永恒存在、实现不朽的就是人类的奋斗精神。奋斗遭遇的最大障碍就是自身境遇的困境，这就需要有一个明确的奋斗目标。如果你连自己要去哪儿都不知道，那么你就哪儿也去不了。

但是，因为出身的不同，一样的生活，有人轻而易举就能得到，而有的人却要洒下无数的汗水和泪水才能获得。这个世界本来就是不公平的，有的人含着金钥匙出身，因而他注定要比一般人拥有更多的资源；而有些人出身贫寒，从生下来那一刻就注定他必须一生奋斗不息：从小就要努力学习，争取考上一所好大学；考上大学后又要努力地获得奖学金，而且还要靠假期打工挣点生活费，没有闲暇时间享受大学生活的美好，就连自己喜欢的人也只能眼睁睁地看着她投向别人的怀抱；熬到毕业，好不容易找到一份工作又要租房，要交水、电、煤、电话费，还要还助学贷款，还要给家里寄钱，剩下的钱只够自己吃饭；在社会上苦熬了五年、十年后，好不容易攒点钱买了房，结了婚，生了子，可仍然又面临新的问题，交还房贷、支付生活费、供养子女、赡养父母……等到终于可以和那些富家子一样坐在咖啡店里细品咖啡时，发现自己头发已经白了，脸上也爬满了皱纹，猛然间醒悟，自己用了一生时间才得以和这些富家子坐在一起喝咖啡。

不要去忌妒那些含着金钥匙出生的人，虽然他们还是婴儿时就拥有了令人羡慕的财富，但是他们拥有的一切，你都能够得到。即使你只是一个出生在贫民窟里的穷小子，也能成为璀璨的珍珠。

无论贫穷富贵，百万家资或颠沛流离，都要一样地从容豁达。成功是属于每一个人的，虽然梦想的实现需要一定的经济条件为基础，但历史上却往往出现这样的情形：音乐天才很可能是出自一个根本买不起钢琴的贫寒人家，书法大家的成长居然是以一根根小树枝来描画……所以，一个从贫民窟里走出来的孩子通过努力奋斗，也能让自己的梦想之花盛开在绿茵场上。

没有精美的笔记本，至少我们可以在简单的纸张上写下一道道数学题的答案；没有昂贵的油彩，至少我们可以用铅笔勾勒出一幅幅美丽的素描。梦想就是一笔最大的财富，无论你现在是富裕还是贫穷，它都能成为你乘风破浪的双翼。所以，不要让梦想因为客观条件的不尽如人意而搁浅，因为，没有人天生窘困，把握住自己，默默地运用你的感觉、力量，努力地去奋斗，那些看似遥远的梦想，很快就会成为现实。

人生不过短短数十年，长不过百载，站在历史长河的岸边看，犹如弹指一挥间、白驹过隙。但在人生的沉沉浮浮、起起落落中，终归得有一个明确的奋斗目标，即使最终不能够随心所愿，但毕竟为之努力、奋斗过，此生可以无悔矣。

## 2. 只要心中充满希望，身处绝境也能找到出路

只要心中存有坚定的信念，干枯的沙子有时也可以变成清冽的泉水。所以，当你感到困惑时，当你身处绝境时，只要希望不灭，专注于寻找出路，并相信自己必可逃出这个困局，你就会寻找到机会，把危机化为转机。

在沙漠中，一支艰难跋涉的探险队陷入了险境：他们没有水了。在沙漠中没有了水，残酷的结局可想而知。队长灵机一动，从腰间取出一个水壶，两手举起来，大声地喊道："我这里还有一壶水！但穿越沙漠前谁也不能喝。"这个沉甸甸的水壶让那些濒临绝望的脸上又重新显露出坚定的神色，一定要走出沙漠的信念支撑着他们踉跄着一步一步地向前挪动，直到他们死里逃生，走出了这片茫茫无垠的沙漠。这时，队长才小心翼翼地拧开水壶盖，而里面缓缓流出的却是一缕缕沙子。

只要心中存有坚定的信念，干枯的沙子有时也可以变成清冽的泉水。所以，当你感到困惑时，当你身处绝境时，只要希望不灭，

专注于寻找出路,并相信自己必可逃出这个困局,你就会寻找到机会,把危机化为转机。

"山重水复疑无路,柳暗花明又一村"。在沉浮荣辱的人生关口,拥有坚定的信念,以及信念产生的勇敢与智慧,往往是走出困境的不二法门。身处困境,可能会粉身碎骨,但也可能是绝处逢生的有利时机。

巴尔扎克说:"绝境是天才的晋身之阶,信徒的洗礼之水,能人的无价之宝,弱者的无底之渊。"确实如此,人生没有迈不过去的坎儿,只要心中充满希望,能以坦然的心情看待挫折和打击,就能在困难中看到光明,在绝境中找到出路。

雅诗·兰黛出生于一个普通的家庭。在她十几岁的时候,她的叔叔——化学家舒茨到家里做客,送给雅诗一份护肤油的配方作为礼物。叔叔的这份礼物出于无心,但从此,在雅诗的心里种下了打造美容世界梦想的种子。

雅诗在20多岁时结婚了,紧接着,她又生了两个可爱的孩子。然而,雅诗并不安心于相夫教子的生活,美容帝国的梦想一直在蠢蠢欲动,她一直在寻找合适的时机。于是,雅诗用叔叔给的配方,自己开始制造化妆品。制造完成之后,她又不遗余力地到处推销自己做的面霜和手霜。由于雅诗一门心思地把所有的精力都花在化妆品上,无法在家庭和事业上找到平衡点,这引起了丈夫的极度不满,终于有一天,丈夫提出了离婚。离婚后,雅诗一度陷入绝境,一边是无人照料的两个孩子，一边是没有任何起色的事业。但是，坚强的雅诗并没有因此一蹶不振，而是以一种常人难以想象和理解的毅力坚持了下来，她带着年幼的孩子到了新的城市，在商场里开设了自己的化妆品专柜。

3年后，经历过生活风雨与心灵洗礼的雅诗和丈夫复合了，夫妻二人一起创建了雅诗·兰黛公司。为了节省开支，他们没有雇用他人，公司所有业务都由他们夫妻二人共同经营，丈夫负责管理工作，而研发、销售、运输、宣传等活儿都是雅诗一个人干。接客户电话的时候，她不得不经常变化嗓音，一会儿高一会儿低，一会儿装经理，一会儿装财务人员，一会儿又装运输人员……

皇天不负有心人。终于，雅诗·兰黛的化妆品进入了美国最高级百货公司聚集地——第五大道的商场柜台上。经过几十年的努力，雅诗·兰黛终于打造出了自己的化妆品帝国。

坚定的信念，是照亮人生的灯塔，它能在风雨中为我们指明彼岸的方向。所以，即使身处绝境，也要坚守信念，毅然前行。然而，在灯红酒绿的现代生活，很多人都已经渐渐忘记了自己曾经坚持过的东西，信念似乎也已经成为一种奢侈品。信念的丧失，就是对自我的残害，即使在风平浪静的生活里，人们的灵魂也会感到迷失，生命也会感到乏味。一旦再遇到什么险情或是绝境，没有信念的人们就会不堪一击，在黑暗的笼罩下最终剩下的只是一声声绝望、痛苦的哀号。

第八章　在绝望中寻求希望，即使身临绝境也能绝处逢生坚守信念是一种信仰、一种自信、一种追求。只要信念坚定，我们就不会坠入阴霾的深谷，就不会整天做着白日梦却永远无法实现。在人生路上，我们过于渺小和平凡，但是，只要我们敢于坚持信念，那些小小的梦想就能够变为现实。当然。命运有时会对我们故意刁难，让我们孤身犯险，让我们深陷绝望，让我们遭受磨难。越是如此，我们就越不能放弃自己的信念，只要继续坚持下去，我们就会有战胜一切困难、阻碍的希望。

## 3. 精彩的人生，在于不停地突破自我

尽管人生的终极追求是幸福和安宁，但这绝不意味着你应该安于现状，尤其是当你还处于精力充沛的阶段时，更不应该安于现状，不应该甘心自己总是停留在一个水平。

精彩的人生，应该是一辈子都生活在对自己的挑战和不断进取当中，应该是总想着要去改变当下的状况，总想着让自己的表现震撼到自己，总想着看看破茧成蝶的自己究竟是何模样。

每一种生命的体内都蕴藏着一种向上的力量，这是生命的一种本能。这种力量存在于埋在地里的种子体内，刺激着种子破土而出，推动它向上生长，向世界展示它的美丽与芬芳。这种力量存在于我们人类的体内，推动着我们不断去向困难挑战，超越自己，从而拥有破茧而出的美丽。

1824年5月7日这一天，贝多芬领导着他的乐队演奏着他自己创作的《第九交响曲》。演奏结束时，维也纳的晚会现场爆发出震耳欲聋的掌声，而贝多芬却一点儿也没有感觉到全场热烈的气氛。

这是因为当时的贝多芬已经听不到任何声音了。早在 1796 年时，贝多芬就患上了严重的耳疾，但是，他一心扑在音乐创作上，丝毫没有把这当回事，总认为自己的耳疾很快就会好的。就这样，直到 1819 年，贝多芬彻底丧失了听觉。在命运的残酷打击之下，贝多芬并没有屈服，他从痛苦和折磨中坚强地站了起来，他相信，即使现在的自己双耳失聪，他也能比曾经做得更好，他还发誓说："我要向命运挑战！我要扼住命运的咽喉！"从此，他比从前更加专注于自己的音乐创作。就这样，贝多芬在耳疾的巨大煎熬下，战胜了病痛，突破了自我，创作了大量流芳千古的交响乐，成为一位举世闻名的大音乐家和作曲家。

人的一生，实际上也正是一个不断与自我较量的过程，与自己的贪婪、恐惧、欲望、缺陷、弱点较量，从而成就最好的自己。和自己不断较量，你才能一直超越，一直成长，一直进步，进而获取成功，为自己赢取一个美好的未来。所以，无论何时，你一定要记住，只有拒绝平庸、摆脱懈怠的人才能破茧成蝶，有所突破。

然而，在生活中，当我们看到那些曾经和自己处于同一起跑线的人在某一天突然超越了自己，小有成就时，原本风平浪静的内心难免会波澜起伏：当邻居又更换了崭新的轿车时，你一定会有些羡慕吧？当同事得到领导认可，得到了升职加薪的机会时，你一定会愤愤不平吧？当看到以前学习不如自己的同学，如今却已经是上市公司的大老板时，你一定会抱怨世道的不公和命运的不济吧？可是，不知你是否扪心自问过，当那些足以改变命运的挑战出现在眼前时，你是否心平气和地接受了它，你是否敢于把握突破自我的机会呢？大部分人的回答肯定都是让我们失望的。

在面对一个未知的领域时，很多人总是安慰自己说："就这样吧，别再瞎折腾了""人生需要的是安稳""风险太大了，我可不愿去冒这个险"。正是这样一次次消极地自我放弃，让我们失去了太多突破自我的机会，错过了太多收获成长、迈向成功的契机，最终只能原地踏步，眼睁睁地看着别人超越自己。如果当初我们能再勇敢一点，再坚定一点，对成功的渴望再强烈一点，或许我们就能够突破自我，或许我们就能收获我们想要的结局，而不必对别人的成功羡慕不已。

首先，突破自我，需要我们保持谦虚的心态。人生中很多挑战所需要的经验和能力是我们自身所不具备的，所以，我们需要虚心向身边的人请教。闭目塞听、孤芳自赏，只能让我们成为井底之蛙，无法看到更为广阔的世界。

其次，突破自我，需要我们有一颗努力拼搏的决心。征服一座高山一定充满了艰难险阻，更何况如今的对手是我们自己。所以，我们不能有丝毫的懈怠，要有破釜沉舟的决心，不管遇到任何艰难险阻，我们都不能放弃，不达目的决不罢休。

最后，突破自我，需要有远见卓识的眼光。一个人如果具备远见卓识的眼光，就能看得更远一点，就不会被眼前的困难吓退，就不会左顾右盼，畏首畏尾，而是看准了自己要努力的方向，然后义无反顾地走下去。

尽管人生的终极追求是幸福和安宁，但这绝不意味着你应该安于现状，尤其是当你还处于精力充沛的阶段时，更不应该安于现状，不应该甘心自己总是停留在一个水平。

精彩的人生，应该是一辈子都生活在对自己的挑战和不断进取当中，应该是总想着要去改变当下的状况，总想着让自己的表现震撼到自己，总想着看看破茧成蝶的自己究竟是何模样。于是，事情会变得像爱默生所说的那样："人的一生如他一天中所设想的那样，怎样想象，怎样期待，就有怎样的人生。"

## 4. 只有大胆出击，才能抓住人生的机遇

每个人在一生中都有成功的机会，但大多数人不会成功。他们不是没有能力，不是没有理想，也不是不愿为之付出代价，而恰恰是缺乏成功的至关重要因素——抓住机遇的能力。善于抓住机遇的人，凭借这个转折点开创了自己的辉煌人生，成为春风得意的佼佼者；而更多的人却没有能够抓住机会，只能碌碌无为地度过一生。

一生碌碌无为的约翰在死后去见上帝，上帝查看了一遍他的履历，疑惑不解地说："你在人间活了60多年，怎么毫无作为呢？"

约翰辩解说："主呀，是您一直没有给我机会。如果您让那个神奇的苹果砸在我的头上，发现万有引力定律就不是牛顿，而是我了。"

上帝说："我给大家的机会是一样的，只是你自己没有抓住机会而已。"于是，把手一挥，时光倒流回到了几十年前的苹果园。

上帝摇动苹果树，一只苹果正好落到约翰的头上，约翰捡起苹果用衣袖擦了擦，几口就把苹果吃掉了。

上帝无奈地摇了摇头说:"对于抓不住机会的人而言,就是再给你100次机会也是徒劳……"

其实,上帝是公平的,他会让每个人都遇到属于自己的"机会苹果"。但是,机遇又是一种很奇妙的东西,它就像一个小偷一样,悄无声息地来到你的身边,然而,走的时候却会让你损失惨重。只有大胆出击,抓住机遇,才能有机会改变我们的人生,使自己有一个更光明的未来。

19世纪中期,在美国西部悄然兴起一股淘金热潮。成千上万的人涌向那里寻找金矿,幻想着能一夜暴富。这其中,有一个十来岁的男孩瓦浮基,因为穷,买不起船票,他就跟着淘金大队忍饥挨饿地奔向这里。不久,他到了一个叫奥斯汀的地方。那里金矿确实多,但是,由于气候干燥,水源奇缺。淘金者拼死苦干了一天,连能滋润嘴唇的一滴水都没有。淘金者无法忍受口渴的煎熬,许多人都愿意用一块金币换一壶凉水!然而,有心的瓦浮基却从中得到了一个十分有用的信息,他琢磨着如果卖水给这些找金矿的人喝,或许比找金子更容易赚钱。他看看自己,身单力薄,干活儿比不过人家,来了这么些天,疲惫不堪,仍然一无所获,但挖渠找水,他还是能办得到的。说干就干,瓦浮基买来铁锹,挖井打水。他将凉水过滤,变成了清凉可口的饮用水,再卖给那些找金矿的人。在短短的时间里,他就赚了一笔数目可观的钱。后来,他继续努力,成为美国小有名气的企业家。

谁也不曾料到，那些不分日夜辛苦找金矿想发财的人自己没能如愿，却造就了一个百万富翁。

每个人在一生中都有成功的机会，但大多数人不会成功。他们不是没有能力，不是没有理想，也不是不愿为之付出代价，而恰恰是缺乏成功的至关重要因素——抓住机遇的能力。善于抓住机遇的人，凭借这个转折点开创了自己的辉煌人生，成为春风得意的佼佼者；而更多的人却没有能够抓住机会，只能碌碌无为地度过一生。能否抓住改变人生的机会，是决定成败的关键。

生活中，总有一些人时时哀叹命运的不公，说什么别人遇到的都是明媚的阳光、和煦的春风，而自己碰到的净是冰天雪地、寒霜冷雨，大有怀才不遇、生不逢时之感。果真如此吗？

其实不然。上帝对待每一个人都是公平的，在给予别人成功机遇的同时，也在给予你同样的机遇。只是机遇往往是突如其来并且稍纵即逝的，如果你不细心留意，就丝毫察觉不到。所以，获得成功的最有力的办法就是，排除一切干扰因素，大胆出击，不要犹豫不决。

伟大的作家雨果说过："最擅长偷时间的小偷就是迟疑，它还会偷去你口袋中的金钱和成功。"虽然我们没有100%的把握保证每一次决定都能获得成功，但是现实的情况就是等待不如决断。所以，在机会转瞬即逝的当代社会，等待就意味着"放弃"，成功者宁愿"立即失败"，也不愿犹豫不决。就像SAP公司的CEO普拉特纳所说的那样:"我宁可作 6 个正确决定和 4 个错误决定,也不要犹豫等待。"

  无论何时,当你意识到出现机遇的时候,一定要抓住它,千万不要掉以轻心,就算困难再大,也不能轻言放弃!

## 5. 等待，属于你的机会终究会到来

时刻保持耐心，不急躁，这是对于成功者最基本的素质要求。在追求成功的路上，只有不断地要求自己、完善自己，使自己不断地适应时代与社会变革的人，才是最终取得成功的人。

有一个农民的儿子，由于家庭条件不好，只念完小学就辍学了。在他13岁时，父亲又因病去世了，家庭的重担一下子全部压在了他的肩上。

20世纪80年代，农田承包到户，他把一块水洼挖成池塘，想养鱼。但乡里的干部告诉他，水田不能养鱼，只能种庄稼，他就只好把水塘填平。他因此成为村里人茶余饭后的一个笑柄。

听说养鸡能赚钱，他向亲戚借了400元钱，养起了鸡。但是，一场洪水过后，鸡得了瘟病，几天内全部死光，他因此欠下一屁股债。

后来，他酿过酒，捕过鱼，甚至还在石矿的悬崖上帮人打过炮眼……可是，一直都没有赚到钱。

到了 35 岁，他还是光棍一条，即使离异有孩子的女人也看不上他。因为他只有一间土屋，而且这屋子随时可能在一场大雨后倒塌。

但是，尽管如此，他并没有灰心，还是想再搏一搏，于是，他又四处借钱买了辆手扶拖拉机。不料，上路不到半个月，这辆拖拉机就载着他冲入一条河里，他因此摔断了一条腿，成了瘸子。拖拉机被人从水里捞起来，已经支离破碎，成了一堆废铁。

所有村里人都说他命苦，这辈子算是彻底垮了。但是，他并没有因此放弃，后来，他终于等来了属于他的机遇，他创办了一家公司，并且慢慢地发展起来。现在，他已经是拥有两亿元资产的大企业家了。

这位农民企业家成功的经历告诉我们：只要有一口气，只要还活着，就绝不能放弃，只要耐心等待，属于你的机会终究会到来。

很多时候，成功与失败，平凡与伟大，两者之间的距离往往就在一步之间，咬紧牙关向前迈一步就成功了；停住了，泄气了，只能是前功尽弃。这一步就是韧劲的较量，是意志力的较量。

如今，我们当下所处的这个社会，已不再是改革开放之前的那个落后、保守的社会，每天都会有大量新鲜的外来事物纷纷涌入。花花世界的花花事物，难免会让很多年轻人禁不住这些极大的诱惑，从而使人变得急躁不安，想尽快拥有自己所没有的东西。可是，事情往往都是事与愿违、不尽如人意，你越是急躁，距离成功就会越远。因为急躁会使你失去清醒的头脑，结果，在你的奋斗过程中，急躁占据着你的思维，使你不能正确地制定方针、策略以稳步前进。

还有一些年轻人给自己确立了"1年计划""3年计划""5年计划"，下定决心要在1年内打基础，3年内赚1000万，5年内成为一个亿万富豪。这些年轻人之所以制订这样的计划，是因为他们看到那些富豪的成功，并且在心中以他们为学习榜样。可是，殊不知，那些富豪之所以成功，之所以成为富豪，不是靠什么"1年计划""3年计划""5年计划"，他们是一步一个脚印，通过十年甚至几十年，而绝不仅仅是几年的奋斗得来的，而他们的奋斗路上也是充满了艰辛与坎坷的。这些艰辛与坎坷，我们现在说起来好像挺轻松，一下子就过去了，而在当时，他是一天一天、一小时一小时、一分一分、一秒一秒地摸爬滚打过来的。对这分分秒秒的艰辛与坎坷的体味，需要多大的毅力与意志！而一个急躁之人是丝毫不会细心地去品味这其中的滋味的，也许，他们稍微尝到一点苦头，就会马上退缩。所以，要想成为一个成功者，就应该深知这个道理：这样的苦难是必定要经受的，只有经受这些苦难才能赢得最终的甜美。

时刻保持耐心，不急躁，这是对于成功者最基本的素质要求。在追求成功的路上，只有不断地要求自己、完善自己，使自己不断地适应时代与社会变革的人，才是最终取得成功的人。

在这里，急躁与耐心对于一个人成败的影响，一目了然。只有不急躁，才会吃得起成功路上的苦；只有不急躁，才会有耐心与毅力一步一个脚印地向前迈进；只有不急躁，才不会因为各种各样的诱惑而迷失方向；只有不急躁，才能抓住属于自己的机会，进而去实现自己人生的最终目标。

## 6. 只要心存希望，人生随时可以重新开始

在生活中，很少有人能幸运到一步就拥有自己想要的生活。在通往理想人生的这条路上，也许我们要走很长一段时间的弯路，但是，只要你心存希望，你随时都可以重新开始，你的人生也会逐渐向你想要的方向前进。

西西弗斯是科林斯的建立者和国王。他甚至一度绑架了死神，让世间没有了死亡。最后，西西弗斯触犯了众神，诸神为了惩罚西西弗斯，便要求他把一块巨石推上山顶，而由于那巨石太重了，每每未上山顶就又滚下山去，前功尽弃，于是他就不断重复、永无止境地做着这件事。

诸神认为再也没有比进行这种无效、无望的劳动更为严厉的惩罚了。然而，对于西西弗斯来说，自己却是幸福的，因为诸神能够惩罚的只是他的肉身，而他对于生活的希望与激情并未泯灭。这种希望与激情是他继续生活的动力，即使承受着肉体上的痛苦。

希望真是一个无价之宝，它能够将一个人从一切烦恼、痛苦的

环境中拯救出来，而沉浸于和谐、美满、幸福的氛围中。假如从我们的生命中去除希望的能力，我们中间还有谁有勇气、有耐心，而热诚地继续着生命之战斗？

每个人都应该心存希望。只要你相信一个美好的明天会到来，则今天的痛苦对你就算不了什么，即使历经无数次挫折和失败，你也总是会信心十足，绝不认输。

肯德基的创办人哈兰·山德士先生在山区的矿工家庭中长大，家里很穷，他也没受什么教育。他年轻时做过各行各业的工作，包括铁路消防员、养路工、保险商、轮胎销售及加油站主，等等，但都没有取得多大的成就。尽管如此，他始终心存希望，没有丝毫懈怠，最后终于在餐饮业上找到了事业的归宿。

当哈兰·山德士在肯塔基州经营加油站时，为了增加收入，他自己制作各种小吃，提供给过路游客。生意由此缓慢而稳步地发展，而他烹饪美餐的名声也吸引了过往的游客。哈兰·山德士最著名的拿手好菜就是他精心研制出的炸鸡。这个一直受人欢迎的产品，是他经历了 10 年的调配，才得到了令人吮指回味的口感。不幸的是，由于公路改道，他的餐馆必须关门，而此时他已经 65 岁了。也许在常人看来，到了哈兰·山德士这个年纪就只能在痛苦和悲伤中度过余年了，可是，他却拒绝接受这种命运，始终怀揣着对成功的渴望。他经过一番苦思冥想后，便决定开始自己的第二次创业。于是，他带着一个压力锅，一个 50 磅的作料桶，开着他的老福特上路了。他从肯塔基州到其他各州，四处兜售他的炸鸡秘方。开始的时候，没有人相信他，饭店老板甚至觉得听这个怪老头胡诌简直是浪费时间。哈兰·山德士的宣传工作做得很艰难，整整两年，他被拒绝了1009次，终于在第1010次走进一个饭店时，得到了一句"好吧"的回答。有了第一个人，就会有第二个人，在哈兰·山德士的坚持之下，他的想法终于被越来越多的人接受了。1952年，盐湖城第一家被授权经营的肯德基餐厅建立了，这便是世界上餐饮加盟特许经营的开始。紧接着，让更多的人惊讶的是，哈兰·山德士的业务像滚雪球般越滚越大。在短短5年内，他在美国及加拿大已发展了400家的连锁店。尽管取得如此瞩目的成就，但哈兰·山德士并没有因此止步不前，就在哈兰·山德士以90岁高龄辞世前不久，他每年还要做长达25万英里（约40万公里）的旅行，四处推销肯德基炸鸡。直到今天，肯德基的餐馆已经遍地开花，广受欢迎。

在成功面前，很多人缺少的就是哈兰·山德士对成功的信心。65岁，在常人看来，已是人生暮年，输赢成败已成定局。然而，对于哈兰·山德士而言，他的人生才刚刚开始，他始终怀揣希望，终于在经历了1009次失败后，取得了成功。

在生活中，很少有人能幸运到一步就拥有自己想要的生活。在通往理想人生的这条路上，也许我们要走很长一段时间的弯路，但是，只要你心存希望，你随时都可以重新开始，你的人生也会逐渐向你想要的方向前进。

如果你现在还心有不甘,惦记那份看起来很不错的工作,既可以到处旅游,又可以轻松拿高薪,然而,却苦于你的学历不够,那么,你为什么不去提高自己的学历呢?这不过是三四年的时间。否则,你在十年、二十年后,依然会守着这份侵占你所有时间却只能让你维持生计的工作。

如今,我们所处的这个时代正在逐渐变得公平起来,只要你的渴望合理,只要你肯为之付出努力,世界会找到合适的方法帮你实现。而且,随着现代生活水平的逐渐提高,我们对生活的标准也越来越高,每个人都在追求一种高品质的生活。我们已经不再满足于简单的吃饱穿暖,而是要求物质和精神都要富足。

做自己喜欢的事情,拥有自己想要的生活,对于我们而言,都是如同呼吸一般重要的事情。只是,有些事情,如果你一天不做,你就会多一天生活在自己不想要的环境之中。而且,不想要的今天会导致更不想要的明天,更不想要的明天会导致十分不想要的后天……既然生活给了我们选择的权利,那么,我们为什么不满怀希望,及早踏上追求梦想的道路。

只要心存希望,人生随时都可以重新开始!

# 第九章 即使人迹罕至，你也要坚持走自己的路

人生只有一次，只有做自己真正爱好的事情才会活得有意义，只要坚持做自己真正爱好的事情才能深入"人迹罕至"的境地，成就一番令人惊艳的事业。因此，无论你遇到什么困难，你都要坚持，要有自制力，给自己一个鼓励的微笑，直面人生的挫折和打击，不为他人的议论所左右，全力以赴去创造出自己人生的辉煌。

## 1. 成功，就在于你比别人坚持得久一点

随着生活阅历的不断加深，你会越来越明白，过去的很多事情会在我们身上遭遇失败，不是因为我们做得太烂，而是因为我们决意要放弃。而很多事情在我们身上获得成功，也不是因为我们做得很好，而是因为我们懂得比别人坚持得久一点。

耶稣被钉死在十字架上的那一天，是全世界最绝望的一天。但是，三天之后就是复活节。所以，当你遇到困境时，不妨比别人再坚持久一点，成功或许就会翩然而至。

大多数人就像粗茶淡饭一样平凡，又像一颗平淡无奇的种子。虽然这些种子都是平常的皮包裹着平常的仁，但有的最后只是长成了普通的小草，还有的却生成了参天大树，同样的土壤，同样的阳光，同样的甘霖，为何养育了不同的生命？

守得住耐性，成功才会历尽艰险翩然而至。"头悬梁，锥刺股"也好，"孟母三迁""凿壁偷光"也罢，大多说的是成就大业者在其创业初期，都是能坚持到底的，古今中外，概莫能外。

门捷列夫的化学元素周期表的诞生，居里夫人发现镭元素，陈景润在哥德巴赫猜想中摘取桂冠，在抵达辉煌顶峰之前，他们都经历了漫长的寂寞与等待，坚持在索然无味的单调生活中沉心静气地搞研究，做学问，最终才在反复的思考与冷静的实践中有所成就。

欲成事业就要懂得坚持，才能深入"人迹罕至"的境地，汲取智慧的甘饴。如果过于浮躁，急功近利，就可能适得其反，劳而无功。鲲化身为鹏的过程虽然只是转瞬，但在此之前力量的累积却非一朝一夕能够完成。它包含着两个方面：沉潜与腾飞。在人生的某个时刻，或是耽于年幼，或是囿于困境，都只能沉潜在深水之中，动都不要动，而一旦时机成熟，或自身储备了足够的能量，就能摇身一变，展翅腾飞了。深海沉潜的目的既是为了让自己能够安心地韬光养晦，更是为了有朝一日能够一飞冲天。

事实上，人生绝大多数时间都是在蛰伏，在积蓄，在等待。这种淡然、平静的姿势并非无为，而是以一种示弱的、最不易引起警觉和敌意的状态为自己争取到一种好的氛围，让人能够在静如止水、乐山乐水的淡然中获取自己想要的东西。

德语诗人里尔克少年得名，30多岁就已声闻欧洲。他在1910年出版《布里格随笔》之后，创作便进入了低潮，整整沉默了10年。里尔克就这样静静地等待着，积累着他对这个世界的认识。"只要向前迈一步，我无底的苦难就会变为无上的幸福。"他在沉默中曾这样劝慰自己。果然，在1922年2月，在短短的一个月的时间里,里尔克完成了自己生命中的两部巅峰作品——长诗《杜伊诺哀歌》的主体部分和 55 首《致俄耳浦斯的十四行诗》,它们也成了世界现代文学史上的经典之作。而这一个月,也因此被许多传记家称为"里尔克的 mensis mirabili(神奇的月份)"。

中国台湾著名作家刘墉曾经说过,每一个年轻人都要过一段"潜水艇"似的生活,先短暂隐形,找寻目标,耐住寂寞,积蓄能量,日后方能毫无所惧,成功地"浮出水面"。确实如此,一个人在成功之前,总是难免要经历一段沉默的旅途。只是有的人可以在此过程中蓄积力量东山再起,而有的人则在此过程中沉沦消亡。这就是强者和弱者的区别。对于强者而言,沉默只是韬光养晦的过程,它会使他变得更加强大;而对于弱者而言,沉默只会使他失去信心,直至走向灭亡。

人生在世,路,还要自己走。在命运的航程中,无疑每个人都是独行者。可能有的人会一帆风顺,但更多的人会坎坎坷坷。这些坎坷都是磨砺,是财富。事实上,人生是一个自我修行与修炼的过程,当你发现了自己的生命与工作的意义,找到了自己的方向,就应该耐得住寂寞,经得起诱惑,驱除掉浮躁,扛得起挫折。

想要成功的人,一定要先经历一段没人支持、没人帮助的黑暗岁月,而这段时光,恰恰是沉淀自我的关键阶段。犹如黎明前的黑暗,熬过去,天也就亮了。

随着生活阅历的不断加深,你会越来越明白,过去的很多事情会在我们身上遭遇失败,不是因为我们做得太烂,而是因为我们决意要放弃。而很多事情在我们身上获得成功,也不是因为我们做得很好,而是因为我们懂得比别人坚持得久一点。

## 2. 做好现在你能做的，一切都会慢慢好起来的

每一个努力的人都能在岁月中破茧成蝶。你要相信，总有一天，你也会破蛹而出，成长得比人们期待的还要美丽，只是这个过程会很痛，也会很辛苦，有时候你还会觉得灰心。面对着汹涌而来的现实，你会觉得自己渺小无力，但这也是成长的一部分。做好现在你能做的，然后，一切都会慢慢好起来的。

有两个人在街上闲逛，突然，天空下起了大雨，路人甲拔腿就跑，而路人乙却不为所动，还是保持着不紧不慢的步伐。

路人甲好奇地问："你为什么不跑呢？"

路人乙回答说："为什么要跑？反正前面也是雨！既然都是在雨中，我又为什么要浪费力气去跑呢？难道前面就没有雨了吗？"

路人甲无语，依然拼命往前跑。

没过一会儿，大雨如突来时那般又骤然停止了，路人甲累得上气不接下气却依然没有躲得过这场大雨，全身都被淋湿了，而路人乙虽然也被淋湿了，却安然自得，享受了在大雨中漫步的惬意。

故事中的路人甲和路人乙，在面对同一问题时，表现出的是截然不同的两种态度。一个人在瓢泼大雨中努力奔跑，一个在大雨中却表现得淡定如初。虽然跑与不跑，都是在瓢泼大雨中，但是心态不同，过程不同，结果自然就不同。

在奔跑的路人甲看来，下雨虽然没带伞，但他可以快点跑，以找个地方避雨，少挨些淋，然而，无论路人甲如何努力逃避，却依然没有逃脱被大雨淋湿的厄运；而按照路人乙的逻辑，跑得快也照样淋雨，甚至淋得更多，因为有可能迎着雨。所以，索性不跑，也许这只是一场骤雨，来得快去得也快。由此可见，在雨中奔跑只是徒劳无功的事，不如顺其自然，保持一个淡定的心态，坦然接受，一样会迎来雨过天晴。

人生处处充满了难题，有时候你拼命通过了这个关卡，却发现前方还有更多的难关在等着你，你努力来到目的地，却发现转弯之后还有下一站要你去挑战。就像在黑夜中行走的人等来阳光后还是要面对黑夜，度过寒冬后还有下一个冰冷的季节。有时，你真觉得熬不下去了，只想抱头痛哭一场。可是，你要知道，你手头上还有尚未完成的工作，你预设的目标还没有实现，连人生都还没有走过1/2，你根本就没有资格躲到一边哭泣。只要活着，总会有希望。所以，你不妨扬起嘴角，给自己一个鼓励的微笑，直面人生的挫折和打击，终有一天，你会看到属于你的阳光。

纽约州有个盲人州长，叫大卫·帕特森，他的成功让很多在人生之雨中迷失方向的年轻人看到了雨过天晴的光明。

帕特森出生在纽约西南的布鲁克林，长期生活在纽约的哈勒姆黑人居住区。他在3个月大时就因眼部感染，导致左眼完全失明，右眼近乎失明。可以说，他的人生记忆是从黑暗开始的，幸好他的父母十分疼爱他，使他度过了一个很幸福的童年。

转眼到了上学的年龄，但是，纽约市几乎所有的学校都拒绝接收帕特森进入正常班级学习，他的父亲仍然坚持不懈地为他寻找能接收他的学校。皇天不负有心人。终于在长岛的一所学校，校长出于敬佩这位父亲的坚持不懈，勉强答应了接收帕特森，不过他只能在正常班级试读。于是为了帕特森上学，他们举家搬到长岛定居。

对帕特森来说，上学是一个极大的挑战。尽管此前他接受了父亲的训练，熟悉家里的每一个地方，只要是在家里，帕特森便和常人无异。可是，在学校毕竟换了新的环境，他一开始确实很难适应。但帕特森知道机会难得，且他深知父母为了给他争取这个机会付出了多大的努力，即使他十分难过，也只会一个人将头深深地埋进被窝里哭泣，他不想让他的父母看到他这样而难过。

帕特森视力极其微弱，斗大的字都需要仔细分辨才能认清，阅读异常困难。所以，于他来说，首要的是抓住上课时间，聚精会神地听老师讲课，而在老师停顿的空闲和课间的休息时间，他就反复地揣摩老师所讲的内容。甚至在睡梦中，他还在求解老师布置的思考题。慢慢地，他的记忆力几乎达到了过目不忘的境地。课堂上，他是最积极的一员,赢得了同学们的一片喝彩。学校的一些演讲比赛和话剧演出,他都会踊跃参加。因为全心忙于学习,他的体质越来越差。为此,他每天又要早早地起床锻炼身体,并加入了学校篮球队,还跑马拉松。渐渐地,他练出了结实的肌肉,每天的精力都异常充沛。

久而久之,老师和同学们发现,他是学校最活跃的一个学生,也是最优秀的学生。长期以来,他既不使用导盲犬和拐杖,也不戴黑色眼镜,外表看起来与近视者无异。他在近距离仍可辨认人的相貌,而且能记住别人所说的话,通过听声音就能很快辨别出对方。他还常常和一些朋友说起连他们自己都已经忘记的话,令他们惊讶不已。而和朋友们一起外出,他更是朋友们的"指南针"。

帕特森的积极努力,曾引起了美国媒体的广泛关注,他的优秀令正常人都为之汗颜,同时,也极大地鼓舞了年轻人战胜挫折的信心。

每一个努力的人都能在岁月中破茧成蝶。你要相信,总有一天,你也会破蛹而出,成长得比人们期待的还要美丽,只是这个过程会很痛,也会很辛苦,有时候你还会觉得灰心。面对着汹涌而来的现实,你会觉得自己渺小无力,但这也是成长的一部分。做好现在你能做的,然后,一切都会慢慢好起来的。

有人说有结果的付出叫付出,没结果的付出叫代价。其实,人在年轻的时候,无论有没有结果,都要去付出,除此之外好像也没有什么别的选择。因为人生中的很多事，躲没用，跑也没用，心情不好没用，抱怨也没用，所以，不如干脆安下心来，慢慢地走在雨中，看每一滴雨落下来的样子、打在身上的样子、溅到泥土的样子，再去闻闻真正的雨的味道。当你把所有的着眼点都放在了当下，并对自己的每一次行动负责，你的人生自然就会雨过天晴。

## 3. 人生只有一次，要做就做自己喜欢的事情

人的一生，能找到自己喜欢的事情的人是幸运的。找到自己喜欢的事情，并且努力去做，如此，生活才会变得有趣，人生才更加有意义。当你不计功利地全身心做一件事情时，投入时的愉悦、成就感，便是最大的收获与褒奖；当你尽力接纳生活赋予你的一切，让每一个当下都完好无损、开心满足，那么，你的生活也会变得更加美好。

英国著名学者伯特朗·罗素在他的《我为何而生》中说道："对爱情的不可遏制的探究，对真理不可遏制的追求，对人类苦难不可遏制的同情，是支配我一生的单纯而强烈的三种感情。这些感情如阵阵飓风，吹拂在我动荡不定的生涯中，有时甚至吹过深沉痛苦的海洋，直抵绝望的边缘。"罗素的一生都在追求真（真理）、善（同情）、美（爱情），所以，他的人生是单纯而美好的。

人生只有一次，只有做自己真正爱好的事情，才会活得有意义。而且这爱好必须是完全出于自己的真性情的，而不是为了某种

外在的利益，例如为了金钱、名声之类。

摩西奶奶，在美国是一个妇孺皆知的老奶奶，一个从来没有进过美术学校的农村女子，年过七旬才拿起画笔，从此便声名远播。这位长寿的老奶奶活了 101 岁，留下了 1000 多幅油画作品，其中 20 多幅是在过完 100 岁生日之后的画作。她曾登上过《时代》《生活》杂志的封面，作品在 MOMA 展览，被大都会博物馆和白宫收藏，个人展览从美国展到巴黎、伦敦。摩西奶奶逝世之后，美国邮政特地为她发行邮票。

那么，摩西奶奶为什么会在年老时选择绘画，是认为自己在画画方面有成功的可能吗？事实并非如此，在此之前，摩西奶奶的生活圈从未离开过农场，她曾是个从未见过大世面的贫穷农夫的女儿、农场工人的妻子。在选择绘画前，她主要以刺绣为主业，后因关节炎不得不放弃刺绣，才拿起画笔开始绘画。摩西奶奶曾说过："假如我不选择绘画，也许我会养鸡。绘画并没有那么重要，重要的是它让我的生活变得充实起来。其实，并不是我选择了绘画，而是绘画选择了我。假如绘画至今，我依旧默默无闻，我想现在的我依然会继续过着绘画的平静日子。在绘画之初，我从未幻想过在这方面有任何成功，所以，当成功的机遇撞上了我，我也依然过着绘画的平静日子。正如在曾孙辈眼里，今天的我依旧只是个爱絮叨的曾祖母。"

人的一生，能找到自己喜欢的事情的人是幸运的。找到自己喜欢的事情,并且努力去做,如此,生活才会变得有趣,人生才更加有意义。当你不计功利地全身心做一件事情时,投入时的愉悦、成就感,便是最大的收获与褒奖;当你尽力接纳生活赋予你的一切,让每一个当下都完好无损、开心满足,那么,你的生活也会变得更加美好。

在实际生活中,当我们看到某人在某方面取得成功,我们不禁会发现,其实那也是自己一直喜欢并且向往的事情,可是,碍于年龄或其他现实条件又不得不放弃。其实,只要是自己喜欢做的事情,无论何时去做都还来得及。只要我们自己喜欢,无论我们是何人,处于何种年龄段,我们都可以像摩西奶奶那样,选择这种认知及表达世界的方式去做自己喜欢做的事情,这就如同人人都可以说话一样。如果你不喜欢绘画,你可以选择写作、歌唱或是舞蹈等,重要的是找到适合自己的道路,找到你心甘情愿为之付出时间与精力,愿意终生喜爱并坚持的事业。

人的一生,行之匆匆,回望过去,日子过得比想象的还要快。年轻时,我们都爱畅想未来,到遥远的地方寻找未来,以为凭借努力可以改善一切,得到自己想要的。不到几年光景,年龄的紧迫感与外界生活的压力扑面而来,我们无一幸免地被卷入残酷生活的洪流之中,接受风吹雨打。我们多想一世安稳,岁月静好,然而,这是不可能实现的。我们所能做的就是,找到自己真正喜欢做的事情,寻觅到一个志同道合的伴侣,孕育那么一两个小生命,然后淡定、从容地过好人生的每一天。

一个人在投身于自己真正喜爱的事情时所付出的专注与成就感，足以润色柴米油盐酱醋茶这些琐碎日常生活带来的厌倦与枯燥，足以让你在家庭生活中不过分依赖，保留独属于自己的一片小天地。如再有幸能寻觅到一个懂你爱你的伴侣，两个人组成的一个小小世界，便足以抵挡世间所有的坚硬，在面对生活的磨砺与残酷时，你便不会觉得孤苦，不会崩溃。在孕育小生命的过程中，你会感觉到生命的奇迹，并从中获得前所未有的力量，当一双小手紧抓着你时，完全地被依赖与信任会让你感受到自我的强大，从而实现自我蜕变式的成长。

人生并不容易，当年华渐长，色衰体弱之时，愿你在回顾自己的人生时，会因自己真切地活过而感到坦然，并因此淡定、从容地过好余生，直至面对死亡。

## 4. 有自制力的人才有未来

任何一个想要变得优秀的人都应该明白：如果缺乏自制力，就永远不可能成功。一个优秀的人，要勇于接受肉体上和精神上的磨炼，他们愿意接受超出自己想象的任务并全身心地投入其中去完成它；他们经常让大脑保持活跃的状态，去思考一些有挑战性的问题，以此来训练自己的自制力。

美国心理学家瓦特·米伽尔曾经做了这样一个经典的"糖果实验"：

孩子们分别被安排坐在放好糖果的桌子前，然后，告诉孩子们老师要出去，15分钟之后才能回来，他们随时都可以把糖吃掉，但是，如果有谁能在老师回来前忍住没吃糖的话，就能再得到一颗糖的奖励。

这个实验常被用作测试孩子抵制诱惑的自制力。通过这个实验，我们可以看出"满足延迟"对孩子自身的控制力会产生多大的影响，以及不同的孩子在自我控制力上的差异。

据瓦特·米伽尔长期跟踪调查发现，若干年后，当时忍住的孩子与没忍住的孩子，不论是在学习成绩上，还是在与同龄人的相处上，甚至自我成长上都表现出了很大的差异。成年后，那些忍住诱惑的孩子，在事业上更易成功。

在实际生活中，我们也会发现，有些人，他们的身上散发着与众不同的光芒，事业如日中天，过着让众人称羡的富裕生活，似乎他们在人生中无往而不利，好像他们是注定幸运的人。但实际上，这些春风得意的人无论是智力还是外貌，与我们并无太大的区别，在资质方面很普通，上天也没有对他们格外地眷顾，只因为他们拥有掌控自己的力量。那就是：他们的心从不受到束缚，几乎顽固地坚持自己的理想，为此甘愿承受重负；他们有着果决的行动力；他们对人生一向抱着积极热忱的态度；他们有着行之有效的自律生活，以及踏实的生活态度，他们理当受到生活的厚待，拥有强大的心态正能量。

著名的成功学家拿破仑·希尔经过数十年的研究和探索，总结出了获得成功的17条准则，这些准则被人们称为"黄金定律"。其中第五条是"要有高度的自制力"。在这方面，拿破仑·希尔有着深刻的切身体会。

一天，希尔正在办公室里紧张地工作着，突然，电灯熄灭了。希尔暴跳如雷，即刻冲进办公大厦管理员的办公室。希尔到了那儿，管理员正在悠闲地吹着口哨。希尔气愤极了，就对着他破口大骂起来。希尔把能想出来的恶言恶语都用上了。那位管理员却一点儿也没有生气。后来,希尔实在想不出什么骂人的话了,只好停住。这时,管理员转过身,用柔和的语调对希尔说:"你今天也太激动了吧?"他的话很柔软,但希尔却感到像一把利剑刺进了自己的身体。希尔站在那儿,不知道说什么好。

希尔在想,我是一个研究心理学的人,竟然对着一个管理员大喊大叫,这实在是一件令人感到羞辱的事情。于是,他便飞快地逃回了办公室。坐在办公室,希尔羞愧得什么也干不下去了,管理员的微笑老是缠绕着他。希尔认识到了自己的错误,他决定向管理员道歉。

管理员见希尔又来了,仍然用温和的语调说:"这一次你又想干什么?"希尔告诉他自己是来道歉的。他说:"你不用向我道歉。你今天所说的话,只有你知我知,我不会把它说出去的,我知道你也不会把它说出去的,就这样了结了吧!"希尔被管理员的话震撼了,他走上前去,紧紧地握住了管理员的手,真诚地向他表示歉意。

通过这件小事,使希尔认识到自己缺乏自制力。同时,也让他明白,一个人要想取得成功,必须先学会驾驭情绪这匹烈马。

自制力强的人,具有内在的、巨大的、无声的能量,他每一次成功地运用自制力,都能获得更多智慧、安宁与能量。他们深深懂得:强大的自制力,已经确立了自己是心灵主人的地位,那么,所有俗不可耐的干扰就会显得微不足道,而宇宙间所有积极的力量,都可以为自己竭诚服务。而对于一个缺乏自制力的人而言,会很容易受到负能量的影响,行为更容易失控。一切失控行为,皆来自心灵的放纵。因此,缺乏自制力的人是很难主宰自己的命运的。

任何一个想要变得优秀的人都应该明白:如果缺乏自制力,就永远不可能成功。一个优秀的人,要勇于接受肉体上和精神上的磨炼,他们愿意接受超出自己想象的任务并全身心地投入其中去完成它;他们经常让大脑保持活跃的状态,去思考一些有挑战性的问题,以此来训练自己的自制力。这种自制力决定了人们在关键时候的所作所为。正如传记作家兼教育家托马斯·赫克斯利所说:"教育最有价值的成果,就是培养了自制力,不管是否喜欢,只要需要就去做。"

## 5. 尽管走自己的路，你不是因别人而存在的

走自己的路或许会面临一些孤独，但在孤独中享受自己的作为，也不失为人生中的一件美事。一个人只要问心无愧，就尽管放心、大胆地去走自己的路。毕竟，我们的生命，不因别人而存在。我们是自己人生的设计师。我们的生活不需要被别人保证，做自己生命的主宰才能活得绚丽多彩。

有这样一个笑话：

祖孙两人去集市上买了一头驴，牵着回家。路上的行人看见了，笑道："这爷俩，有驴不骑偏要走路，真是笨到家了。"祖孙俩觉得路人说得有道理，于是爷爷骑上驴，孙子走路。

这时又有人说话了："这当爷爷的也太狠心了，竟然让一个小孩走路，自己却坐得舒舒服服的。"爷爷听了赶忙下来，让孙子骑驴，自己走路。

走了一阵，又听见有人议论："哪有这样不孝顺的孙子，怎么忍心让爷爷受累，真是不像话！"爷爷听了又觉得这样很不应该，

但又怕人说闲话，于是两个人都骑了上去。

一头驴驮两个人，把驴累得呼呼地直喘粗气。有人看见了，说："你们也太残忍了，再这样下去要把驴累死啊。"两人又下来，这下可为难了，骑也不是，不骑也不是；一个人骑也不是，两个人骑也不是。爷俩一合计，把驴的腿用绳子捆起来，找了根扁担，两人一前一后，把驴抬走。路上的人看了，笑得前俯后仰，这样一来驴被捆着受罪，人抬着也受累，爷俩脸红心跳，实在不知道怎样办才好，干脆就这样抬下去吧。走到了一座独木桥上，驴被捆得四蹄酸疼，实在受不了，挣扎起来，"扑通"一声，两人连驴子一起掉到了河里……

在这个世界上，你做任何一件事情，只要为人所知，都难免会有人议论。你做得好，可能就会有人忌妒、刁难；你做得不够好，可能又会有人讥笑、高兴。

人言可畏，"好人"难做。负面的非议、责难、讥评，会形成强大的压力，可能使人顶不住，从而改变自己的主意，成为舆论的牺牲品——就像最后掉到河里去的祖孙俩。顶得住压力的人，可能变得孤立无助，不论他的主意成败与否，但其人格精神之坚强，却足以令人敬佩。

如果天才按照别人为他们设计的道路走，一辈子也不可能成才。只有走专属于自己的道路，不为他人的议论所左右，才能创造出自己人生的辉煌。"在我的生活中，我就是主角。"这是中国台湾作家三毛的自信之言。你是你命运的主人，你是你灵魂的舵手。生命当自主，把自己活成造物主，不要总是羡慕别人的好，而忽视了自己的优点。我们最大的局限在于我们的短视，而我们的短视在于无法发现自己的优点。威廉·詹姆斯认为："跟我们应该做到的相比较，我们等于只做了一半。"

一般人习惯用与别人的对比来发现自己的优缺点，这固然是一种好方法，但往往受主观意识影响太大。他会很快发现，自己在某方面与别人差距甚大，因此他会非常羡慕那个人。羡慕会导致无知的模仿，导致无谓的妒忌，或者受到激励般地向更高的境界攀升，但最后一种情况毕竟所占比例甚小，而前面两种情况都容易导致自信心的丧失以及由此引发的忧郁。因此，无论是在工作中还是在生活中，你不要总把目光投向外界，外界的风光虽好，也只能使你徒生羡慕而已。不断省察自己的心灵，你就能发掘具有自我特色的潜能。

人的发现和创造，需要一种坦然的、平静的、自由自在的心理状态。自主是创新的激素、催化剂。人生的悲哀，莫过于别人替自己选择，这样，你便成为别人操纵的机器，失去了自我。我们要做生活的主角，不要将自己看成生活的配角。

走自己的路或许会面临一些孤独，但在孤独中享受自己的作为，也不失为人生中的一件美事。一个人只要问心无愧，就尽管放心、大胆地去走自己的路。毕竟，我们的生命，不因别人而存在。我们是自己人生的设计师。我们的生活不需要被别人保证，做自己生命的主宰才能活得绚丽多彩。

## 第十章 你生命中所受的伤，只为不断成就更好的自己

那些表面看似风光无限的成功者，在其背后都有着鲜为人知的辛酸与苦楚。人生的棋局，只有到了死亡才会结束，只要生命还存在，就有挽回棋局的可能。正是因为日子难过，所以更要认真地过，要经得起岁月的考验。失败对你而言不是灭顶之灾，只要以积极的态度去对待它，失败也可能是通往成功的助力。因为，生命需要适当的阻碍才能成长，如果我们接受事实、坚定信仰，希望和幸福就会在下一个路口等着我们。

## 1. 人生比你想象中的好过

人生比你想象中的好过，只要接受困难、量力而为、咬紧牙关就过去了。你跨出的每一步，都能助你完成学习之旅。面临生活的考验时，耐力越高，通过的考验也越多。所以要放松心情，靠意志力和自信心冲破难关。

美国教育哲学家乔治·桑塔亚纳说："人生既不是一幅美景，也不是一席盛宴，而是一场苦难。"不幸的是，当你来到这个世界那一天，没有人会送你一本生活指南，教你如何应付命运多舛的人生。也许青春时期的你曾经期待长大成人以后，人生会像一场热闹的派对，但是，在现实世界经历了几年风雨后，你会幡然醒悟，人生的道路依然布满荆棘。那些你表面看似风光无限的成功者，在其背后都有着鲜为人知的辛酸与苦楚。

1980年12月的一天，一个叫作苹果的公司在美国上市了。这个公司的创始人——24岁的乔布斯很快就变成了当时美国最年轻的亿万富翁。随之而来，1981年，乔布斯又获得了里根国家级技术勋章，成为美国人心中的偶像。

对于乔布斯来说，成功来得如此之快，快得让他不敢相信了。终于，他开始有些飘飘然了。他的脾气越来越坏，越来越独断专行，越来越傲慢，逐渐迷失了自己。他在 Lisa 计算机和麦金塔计算机的研发中完全不计后果地投入大量人力、物力，最后导致了管理层的强烈不满。随后，Lisa 计算机项目被叫停，倾注苹果公司和乔布斯大量心血的麦金塔电脑上市后，也没有取得预期的销量。乔布斯与被他请来的 CEO 斯卡利之间的矛盾也逐渐公开化和白热化。乔布斯没有意识到，自己已经把自己带入了孤立无援的境地。

战火终于燃烧了，在一次耗时 24 小时的会议后，董事会一边倒地拥护斯卡利，乔布斯被剥夺了全部运营权。5 个月后，他辞职了。在与斯卡利的博弈中，乔布斯最终败北。

乔布斯的人生之旅就此改变，他从平坦宽广的柏油路，走上了泥泞的小路。

乔布斯被他自己创建的公司扫地出门了，这令他感到非常屈辱。离开苹果的乔布斯一连几个月不知道应该怎么办。他曾经愤怒地以低价抛售了手上所有的苹果股票，曾经为了抚平内心的伤痛而一个人蓬头垢面地在印度流浪。很长时间，他都无法接受这样的结果。经过漫长的痛苦与挣扎后，他慢慢地冷静下来，决定从头开始。

此后的 10 多年的时间里，他开了一家名叫 NEXT 的科技公司，并收购了一家叫皮克斯的动画公司。皮克斯公司推出了世界上第一部用完全计算机制作的动画片《玩具总动员》,一举获得成功。现在,皮克斯已经是全球最成功的动画制作室。乔布斯后来诚恳地对别人说,如果当初,他没有被苹果公司解雇,他可能一直都在一个错误的方向上努力,而此后创建 NEXT 公司、收购皮克斯公司等行为就不可能发生。同样,此后凭借 NEXT 和皮克斯的成功而重返苹果也将不会发生。最后,苹果只会烂掉。那时的他,被公司扫地出门,实在是最好的结果。如果他追求日后的成功,就一定要承受当时的那些痛苦。

有个学者曾说过:"人生的棋局,只有到了死亡才会结束,只要生命还存在,就有挽回棋局的可能。"生活拮据,日子难过,大部分人的生活都过得好辛苦。所以,在你埋怨苦日子折磨人的时候,你不妨反过来想想,在这些难过的日子当中,你认真生活了几天?正是因为日子难过,所以更要认真地过。

任何时候,你都不要奢望生活越过越顺遂,因为每个人的日子都会有难熬的阶段。你再怎么才华横溢、家财万贯,照样逃离不了颠沛、困顿。人人都要经历某种程度的压力和痛苦,而且难保不会遇上疾病、天灾、意外、死亡及其他不幸,谁都无法做到完全免疫。就算成功人士也会承认这是个需要辛苦打拼的世界。精神分析学家荣格主张:人类需要逆境;逆境是迈向身心健康的必要条件。他认为遭遇困境能帮助我们获得完整的人格与健全的心灵。

人的一生总有许多波折，要是你觉得事事如意，大概是误闯了某条单行道。也许你曾拥有一段诸事顺利的日子，于是志得意满的你开始以为你已看穿人生是怎么回事，一切如鱼得水，优游自在。可惜就在你相信自己蒙天赐之福时，就会有可能发生一些好运化为乌有的意外。

美国作家诺瑞丝拥有一套轻松面对生活的法则：人生比你想象中好过，只要接受困难、量力而为、咬紧牙关就过去了。你跨出的每一步，都能助你完成学习之旅。面临生活的考验时，耐力越高，通过的考验也越多。所以要放松心情，靠意志力和自信心冲破难关。

保持积极的人生观，可以帮助你了解逆境其实很少危害生命，只会引起不同程度的愤慨，何况一定的压力也有好处。舒适、安逸的生活无法带给人快乐与满足，人生若是少了有待克服的障碍、有待解决的问题、有待追求的目标、有待完成的使命，便毫无成就感可言了。

人生是一场学习的过程，接二连三的打击则是最好的生活导师。享乐与顺境无法锻炼人格，逆境却可以。一旦征服了难关，遇到再糟的情况也不会惊慌。人生有甘也有苦，物质环境的优劣与生活困厄的程度毫无瓜葛，重要的是我们对环境采取何种反应。当我们能够接受"好花不常开"的事实，我们的日子便会优哉许多。

## 2. 促使你更强大的，正是你强大的对手

我们每个人都可以做生活的强者，都需要坚强地面对对手出现时内心涌动着的挫折感。在我们这个纷繁芜杂的现代社会中，机遇其实是到处都存在着的，只要我们敢于尝试，勇于拼搏，不断地壮大自己，同时能在失败时抓住机会，就一定会有所作为。

有一位动物学家，对生活在非洲大草原奥兰治河两岸的羚羊群进行了长期研究。他发现，东岸羚羊群的繁殖能力比西岸的强，每分钟的奔跑速度也比西岸的快 13 米。这些莫名其妙的差别，曾使这位动物学家百思不得其解，因为这些羚羊的种类和生存环境都是相同的：都属羚羊类，都生长在半干旱的草原地带，饲料来源也一样，以一种叫莺萝的牧草为生。

有一年，在动物保护协会的赞助下，动物学家在奥兰治河的东西两岸各捉了 10 只羚羊，分别把它们送往对岸。结果，从东岸运到西岸的 10 只羚羊，一年后繁殖到 14 只，从西岸运到东岸的 10 只，一年后还剩下 3 只，另外 7 只全被狮子吃了。

这位动物学家终于明白，东岸的羚羊之所以强健，是因为它们附近生活着狮群；西岸的羚羊之所以弱小，正是因为缺少了天敌。没有天敌的动物往往最先灭绝，有天敌的动物反而会逐步繁衍壮大。

通过这个故事，我们看到了敌人的重要性。生活中出现一个对手、一些压力或一些磨难有时也绝非是一件糟糕的事情。虽然他可能是你学习中的竞争对手、希望和目标的争夺者，也可能是战场上那个让我们丢掉性命的敌手。在很多人眼里，敌人就是与我们势不两立的，他们的存在只会给我们的人生道路带来诸多不便与坎坷，他们是我们眼前的障碍，我们必须把他们清理干净。因此，大多数人总是用敌意的目光来对待对手，但其实，正如这个故事告诉我们的一样，因为有了对手和敌人，羚羊才变得异常强大。所以，作为人类的我们，应该及早明白对手之于我们成长的重要性，正是因为对手的存在，才让我们变得更加强大！

19 世纪末，美国教师乔治·派克因厌烦了给学生修钢笔而发明了"更好的钢笔"，并以自己的名字命名为"派克"。后来，派克成立了自己的公司，派克笔成为钢笔市场的王者，地位无人撼动。

这一天，派克公司新任总经理马科利正在开会，销售部经理神色慌张地跑了进来，在他身边耳语了几句。马科利的脸一沉，马上宣布会议结束，随即赶往销售部。原来，有好几家学校发来了退货单,不仅如此,其他用户的退货单也陆续涌来。情况十分反常,马科利立刻吩咐下属调查此事。

经过调查发现,原来是贝罗兄弟发明的"圆珠笔"抢走了客户。马科利即刻叫人买来一些。经过仔细研究,马科利大惊失色,他意识到:强敌来了。马科利火速召集大家开会商讨对策,得出的结论是:从实用、方便、廉价三个主要方面看,派克处于全面下风。马科利下达命令,尽快对派克钢笔进行改进和完善,务必重新抢占市场。但是,事实证明马科利挽救计划毫无效果。派克公司销售额急剧下滑,公司逐步被逼到濒临破产的边缘。

马科利苦思冥想,夜不能寐。派克钢笔跟圆珠笔硬拼显然是没有出路的,难道派克公司几十年的基业真的要毁于一旦吗?他不甘心,四处求教,后来在他的一位老师的启迪下,想出了一个对策。他再次召开会议,宣布了两件事:一是不跟圆珠笔比销售量,同时大幅削减了派克笔的产量;二是不比价格,同时大幅提高派克笔的销售价格。下属面面相觑,马科利笑着说:"从今天起,派克笔专门为名贵人士生产,它将成为'笔中贵族'。"

在马科利的精心策划下,派克公司获准成为英国皇室书写用具的独家供应商,派克钢笔成了伊丽莎白二世的御用笔。这件事被广为宣传,派克钢笔身价倍增,逐渐成为高贵身份的象征。此后,派克公司沿袭着高档名贵的营销路线。1962年,派克公司采用美国首批火箭的部分材料制成特别版钢笔,只限售给世界各地的重要人物。1987年，该公司又隆重推出百年纪念笔，成为收藏家梦寐以求的珍品。就这样，派克钢笔不仅没有在圆珠笔的冲击下萎缩消亡，反而走出了属于自己的崭新道路，成为闻名世界的品牌。

能打倒我们的除了对手，还有我们自己，而能拯救我们的，除了我们自己，还有我们的对手。如果没有敌人在旁边的威胁和围追堵截，我们不会寻找其他的出路，寻找一条看起来难走，却能给我的人生带来更大辉煌的路，就如派克这样。

真正的强者不会把所有注意力都关注在痛恨自己在成长路上经历的那些阻碍他的敌人，他们就像一心走路的人，不会注意到鞋子是否沾上了路上的尘土和从路边草丛沾上的露水。在鞋子破了时，他们不会去怨恨磨坏鞋子的道路，他们会努力为自己缝制一双更为结实、耐用的鞋子，然后继续赶路。

我们每个人都可以做生活的强者，都需要坚强地面对对手出现时内心涌动着的挫折感。在我们这个纷繁芜杂的现代社会中，机遇其实是到处都存在着的，只要我们敢于尝试，勇于拼搏，不断地壮大自己，同时能在失败时抓住机会，就一定会有所作为。虽然有时个体不能改变"环境"的"安排"，但谁也无法剥夺其作为"自我主人"的权利。只有经历了风雨的彩虹才会绽放出美丽的光彩，只有从困境中走出的人才是真正的强者。

## 3.真正的强者敢于接受失败的结果

我们每个人都难免犯错，每个人都会面临失败的境遇。如果我们放不下那一点可怜的自尊与骄傲，只能让自己在无助与自责的泥潭中越陷越深。更为重要的是，如果我们不能接受失败，就无法重新审视自己，也就会因此错过一次有价值的自我成长的机会。

对于每一个人而言，都难免会有失败的经历，也并非每个人都能走到人生最辉煌的顶点。因为我们每个人每天都有很多事情要做，无法保证我们处理的每件事都做到100%的周全，那么，失败也就是再自然不过的事了；我们每个人都有自己的优势和劣势，如果当下的局面恰好超出了你自身的能力范围，那么，我们就不得不勇敢地接受失败的结果。

其实，失败并没有想象中的那样可怕，只要你在做某一件事之前做好充分的思想准备，那么，失败对你而言就不会是灭顶之灾。即使真正面临失败的结果，我们也无须气馁，只要我们调整好心态，以积极的态度去对待它，失败也可能是通往成功的助力。

在实际生活中，很多人总是害怕失败，有时候明明出了问题也不敢直视，或是结局已经注定，却不愿意面对现实，给自己编造出很多美丽的谎言来蒙蔽自己。其实，只有淡然接受失败，我们才能让自己得以解脱，才能让自己有机会轻装上阵继续前行。其实，对失败的恐惧并非失败本身，而是因失败而产生的无助感、失落感和自责感。"人非圣贤，孰能无过"，我们每个人都难免犯错，每个人都会面临失败的境遇。如果我们放不下那一点可怜的自尊与骄傲，只能让自己在无助与自责的泥潭中越陷越深。更为重要的是，如果我们不能接受失败，就无法重新审视自己，也就会因此错过了一次有价值的自我成长的机会。

美国著名女演员哈莉·贝瑞曾在出演《猫女》的同年，被评为"金莓奖"，也就是最差女演员奖。获得这种奖项，对于任何一个演员而言，都会觉得很丢脸，因此，所有人都觉得哈莉·贝瑞不会出席颁奖礼。然而，让人出乎意料的是，她不仅盛装出席领奖，还表现出一副毫不在意的样子，时不时地和身边所有人开着玩笑。她在领奖时笑容灿烂地致辞："得这个奖真是太刺激了，任何人也别想从我身边抢走。"

我们很难准确地知道这样一次特殊的颁奖会给哈莉·贝瑞的内心带来了什么影响，只是她在失败面前所表现出的从容与淡定不得不让我们折服。然而，也就是在那之后，她先后获得《Parad》《Esquire》等综艺杂志评选出的各类娱乐大奖，凭借《致命呼唤》，她还获得了第40届土星奖最佳女主角提名。

无论面临怎样的失败,只要我们毫不畏惧,我们就有机会超越曾经的自己,表现得更为出色。失败了,不要急着悲伤、懊恼,而是要找出失败的原因,从中汲取那些对我们未来人生更具价值的经验和教训。或许是你的努力还不够,也许是你在某一环节出了差错,或许是你的综合实力比较欠缺,又或许你采取了错误的策略。总之,既然失败了,就一定有失败的原因。只要我们能够冷静地审视自己,找出问题的所在,在未来的日子里对自己的不足加以改正和弥补,避免以后再犯同样的错误,我们就一定能在未来的岁月里收获更多的成长和成就。

如果我们能够淡然地接受失败的结果,那么,终有一天,我们能让自己变得更为强大,成为生活中真正的强者。

## 4. 谁都不会轻而易举地成长

　　造物主是仁慈的，他让我们每一个人拥有成长的机会；造物主也是智慧的，他不会让任何人轻而易举地获得成长。无论是朋友还是敌人，是顺境还是逆境，都是帮助我们成长的机会，只是它们以不同的面貌和方式出现罢了。

　　人在世界上生存，总是免不了遇到各种各样的烦恼，事实上，我们的生活不可能一帆风顺，因为成长和进步不是在顺境中轻易获得的，而是需要我们在困难中逐渐领悟和收获的。在我们面对困境时，应该牢记：生命需要经历适当的历练才能成长。

　　就像没有茧的束缚，蝴蝶不会飞翔；没有冬的严寒，花儿不会开放。每一个生命成长的过程，都是一个克服重重阻碍、逐渐成长的过程，苦难的存在让我们的生命里充满了成长的机会。如果没有苦难存在，我们就如同温室里的花儿一样，感受不到春天的微风、夏天的雷雨、秋天的寒霜与冬天的白雪。我们的生命变得枯燥而无味，享受不到收获的喜悦，甚至，将永远丧失成长的机会。

曾经有这么一个人,他热爱大自然,喜欢观察飞鸟,寻找小动物的踪迹。同时,他有着一颗善良、淳朴的心,见到任何人有困难都会施以援手。

在一个乍暖还寒的春天的早晨,他像往常一样在自己家附近的森林里漫步,突然他很意外地发现了一只蝴蝶的茧。这只美丽的白色的茧正挂在一棵树的树枝上,随着微风轻轻摇晃。如果能目睹破茧成蝶这一自然奇迹,那该是多么幸运啊!他感到很激动,于是每天他都不安地去看看这只茧。几天过去了,可是这只茧似乎没有任何活动或生命的迹象,他开始有些失望了。

终于有一天,茧的一端裂开了一个很小的口。于是,那个人坐在林地上,准备欣赏这场"表演"。他看着蝴蝶用了数小时的时间从一个小洞里向外挣扎。这个过程一直在持续。那个人越来越没有耐心,他心里一直在思索着该怎么帮助一下这个可怜的小生命。不一会儿,茧中的生命好像完全停止了挣扎,看上去它好像已经用尽全力,再也不能更进一步了。

于是,这个人决定帮蝴蝶摆脱阻碍。他回到家,找了把剪刀,然后返回森林,把茧剪开了一个很大的洞。蝴蝶很快就从茧中钻了出来,但是它并不像一般的蝴蝶那样身躯轻盈,而是身体臃肿肥大,翅膀也萎缩无力、黯淡无光。那个人坐了下来,继续观察蝴蝶,期待着蝴蝶的变化。

他以为蝴蝶出来时都是这个样子,他还期待着在某一个时刻,蝴蝶的翅膀会变大，伸展开来足以支撑它的身体。他还想象着，蝴蝶的身体是怎么从臃肿逐渐变得轻盈、优雅，翅膀是怎么变得鲜艳而有力。然而，他等了许久，蝴蝶却依然是那个样子，他想象的那些事情，一件都没有发生。

事实上，这只蝴蝶只能是这样了，它的一生将只能用它肿胀的身体和褶皱的翅膀在地上爬行，和它在成为蝴蝶之前的那只虫子一样，它永远也飞不起来了。这个仁慈又心急的人，不明白茧的束缚与蝴蝶的挣扎是必要的。在蝴蝶从小孔挣扎出来的过程中，血液从身体里挤出，进入翅膀。只有这样，在从茧中获得自由后，蝴蝶才能展翅飞翔。

我们每个人都是一只蝴蝶，都需要经过化蛹成蝶、从茧中拼命挣扎的过程，这是造物主给我们的机会与考验。我们要明白：造物主是仁慈的，他让我们每一个人拥有成长的机会；造物主也是智慧的，他不会让任何人轻而易举地获得成长。无论是朋友还是敌人，是顺境还是逆境，都是帮助我们成长的机会，只是它们以不同的面貌和方式出现罢了。

在面对苦难时，我们可能会埋怨很多：为什么父母没办法给我们强有力的经济支撑？为什么竞争对手会那么刁钻狡猾？为什么每次考试总是差那么一点点运气？我们可能会因此变得怨天尤人甚至自暴自弃。然而，我们应该明白，如果没有那些困难，没有那些敌人，如果有这么一个仁慈而愚蠢的造物主来帮助我们脱离这人生成长必须挣脱的茧，我们可能会变成那只顺利获得自由却不能飞翔的蝴蝶。要知道，那些敌人施加在我们身躯和心灵上的伤害，正是我们应该迎难而上努力挣脱的茧。正是那些束缚我们的茧，成就了我们的飞翔。

在我们所生存的这个世界，不会总是对我们保持和风细雨的态度，尤其是当你做得还不够好的时候，你就难免遭受指责和惩罚。但是，事实证明，正是因为曾经那些让自己极其不适的人或事，让自己从中获得难得的磨炼。甚至唯有痛上这么一把，紧张那么一回，才能促使我们战胜内心的惰性，更加有动力，不断改正和完善自己，并因此走向卓越。

20多岁的年轻人大多很随性，往往很难忍下内心的感受，和自己并不喜欢的人打交道，做自己不喜欢做的事情，甚至会觉得这简直是自虐一般。但所谓的超越就是如此，超越并不意味着只和自己喜欢的人打交道，做自己喜欢的事情，还在于可以忍住当下的痛苦，从中挖掘出能让自己受益一生的价值。

对于年轻人而言，真正具有杀伤力的就是懈怠的惰性，它能将我们在最该奋斗、最有资格骄傲的年纪，一路拽向满足于现状、安身于稳定的平庸。所以，别急着排斥那些让自己不快的人或事，他们的存在未必能带给你快乐，但是，却很可能推动你一步步地成长，不断成为更好的自己。

## 5. 所有的经历都有独特意义

上天在创造人类时，之所以让人的大脑有记忆功能，并不只是为了让我们在垂暮之年时，坐在摇椅上能慢慢聊往事，而是为了让今天的我们能从回忆中明白，未来的路应该怎么走。生活赋予我们坎坷和错误的意义，也并不只是为了让我们体会什么叫作疼痛，而是让我们在疼痛中看清自己，重新找回那个迷路的自己。

那些阻碍我们的敌人，是不受我们欢迎的人，他们给我们造成的那些痛苦经历就在昨天，让我们仿佛看到自己的身体被划开一道长长的伤口，那些丑陋的伤口是我们的耻辱，我们只是感受到疼痛，只是感到绝望，却不曾想到，我们的身体还有自动复合的能力，伤口总有愈合的时候，而且当它愈合之后，我们的直觉将会告诉我们，下一次该如何绕开同样的错误，避免产生同样的痛苦。伤口并不可怕，可怕的是我们纠结的心，迟迟不肯让它愈合。

我们都曾暗暗许愿：希望人生之路能够坦荡无阻，希望得到细心、体贴的关怀，希望一切烦恼和痛苦都远离我们。然而，我们的愿望没有被满足，我们仍然在红尘中挣扎，生命中那些源于心灵的痛苦时时折磨着我们，让我们不愿意面对，却又无法逃避。

无论是位高权重的成功人士，还是蝇营狗苟的贩夫走卒，是天真无邪的蓬头稚子，或是学贯中西的饱学之士，都无法回避生命中那些让你深恶痛绝或是焦头烂额的事件。我们都将面对一切屈辱和不甘，不能重来，对此，有人备受折磨，有人却能淡然处之。这个道理其实再简单不过了，关键就是，我们在用何种眼光看待这个世界，如果我们愤怒不满甚至试图掩饰，只会加倍地感受到痛苦的困扰，如果我们接受事实，坚定信仰，希望就会在下一个路口等待着我们。

因为生意失败导致破产，怀特从一个一掷千金的大商人，变成了一个家徒四壁的穷光蛋。以前常在怀特身边转悠的朋友现在都躲开他，害怕他来借钱。怀特深切体会到了生活的冷酷无情，他心灰意冷，萌生了结束生命的想法。

怀特回到了承载着他童年美好时光的乡间小镇，也许这里才是离上帝最近的地方，怀特很想质问上帝，为何偏偏选中他来承受命运的捉弄？走累了的怀特在一片瓜地旁边小憩，这正是丰收的时节，空气里充盈着香甜的味道。好客的瓜农看到风尘仆仆的怀特，豪爽地请他品尝地里的瓜。

瓜农开始喋喋不休地对怀特讲述，前几年收成如何不好，总是遇到天灾虫患，而且突如其来的一场霜冻，让即将收获的成果毁于一旦，一年的辛勤劳作全都白费了。怀特感到有些意外，他脱口而出："收成不好，你怎么活下去，赚不到钱，耕种还有什么意义？"

憨厚的果农咧嘴一笑："再怎么艰难不都这样挺过来了，你看，这不是丰收了吗，而且，正是之前的歉收，才让这次丰收显得更有意义。"看着这个心事重重的年轻人，果农意味深长地继续说道，"所有的经历都是有意义的，只要你没有放弃继续依靠自己的双手。"

一席话似一阵风吹走了怀特心头的灰尘，让他顿时醍醐灌顶。怀特驱车返回，决定重新来过，5年后，他的公司遍及全球，他成了行业内呼风唤雨的人物之一。

在我们的一生之中，总会遇到一些不愿去面对的事情，给我们带来身心疲惫的感受，我们就像受伤的小袋鼠一样，想要逃回母亲温暖的口袋里。然而，能否在种种折磨和煎熬中挺过来，坚持原本的目标和理想，却是我们迈向成功人生的重要一步。

张爱玲曾经说过："生活是一袭华丽的袍子，里面藏满了虱子。"再完美的人生也不可能只有喜悦没有疼痛，尤其是在人年轻的时候，青涩的我们总会遭遇各种的问题，体会到人生的各种苦辣酸甜，有时候，我们会觉得这个世界简直糟透了，恨不得逃离到世界的另一端。可是，这都是命运所给予我们的刁难，无论我们如何逃避，都无人能够幸免。

我们所谓的"生活"，就是由无数缺憾和错误组合而成的。正是那些曾经的经历,才构建成了如今更好的自己。上天在创造人类时,之所以让人的大脑有记忆功能,并不只是为了让我们在垂暮之年时,坐在摇椅上能慢慢聊往事,而是为了让今天的我们能从回忆中明白,未来的路应该怎么走。生活赋予我们坎坷和错误的意义,也并不只是为了让我们体会什么叫作疼痛,而是让我们在疼痛中看清自己,重新找回那个迷路的自己。

当未来的某一天,你经历了无数个迂回后,终于到达了自己最初想要去的地方,你才会惊讶地发现,原来之前所经历过的一切,都只是通往这里的必经之路而已,少走一步,你都无法塑造出今天的你。而这时,你一定会对过往深鞠一躬,感谢那年那月,命运给予你的所有刁难。

## 6. 每天都努力去争取，你就会觉得幸福

幸福就在于内心的稳定。只要我们每天都努力地去争取、去奋斗，即使过着简单平凡的生活，我们也会觉得幸福。

老街上有一位老铁匠，由于早已没人需要打制的铁器，而改卖铁锅、斧头和拴小狗的链子。

他的经营方式非常古老和传统。人坐在门内，货物摆在门外，不吆喝，不还价，晚上也不收摊。你无论什么时候从这儿经过，都会看到他在竹椅上躺着，身旁是一把紫砂壶。

他的生意也没有好坏之说，每天的收入正好够他吃饭和喝茶。他老了，已不再需要多余的东西，因此他非常满足。

一天，一个古董商从老街经过，偶然看到老铁匠身旁的那把紫砂壶。因为那把壶古朴雅致，紫黑如墨，有清代制壶名家戴振公的风格，他走过去，顺手端起那把壶。

壶嘴内有一记印章，果然是戴振公的，商人惊喜不已。因为戴振公有捏泥成金的美名，据说他的作品现在仅存 3 件，一件在美国

纽约州立博物馆里；一件在中国台湾地区某博物院；还有一件在泰国某位华侨手里，是1993年在伦敦拍卖市场上以16万美元的拍卖价买下的。

商人端着那把壶，想以10万元的价格买下它。当他说出这个数字时，老铁匠先是一惊，后又拒绝了，因为这把壶是他爷爷留下的，他们祖孙三代打铁时都喝这把壶里的水。

壶虽没卖，但商人走后，老铁匠有生以来第一次失眠了。这把壶他用了近60年，并且一直以为是把普普通通的壶，现在竟有人要以10万元的价钱买下它，他回不过神来。

过去他躺在椅子上喝水，都是闭着眼睛把壶放在小桌上，现在他总要坐起来再看一眼，这让他非常不舒服。特别让他不能容忍的是，当人们知道他有一把价值连城的茶壶后，蜂拥而至，有的问还有没有其他的宝贝，有的开始向他借钱，更有甚者，晚上来敲他的门。他的生活被彻底打乱了，他不知该怎样处置这把壶。

当那位商人带着20万元现金，第二次登门的时候，老铁匠再也坐不住了。他招来左右店铺的人和前后邻居，拿起一把斧头，当众把那把紫砂壶砸了个粉碎。

后来，老铁匠一直卖铁锅、斧头和拴小狗的链子，过着平凡而幸福的生活，据说他活过了百岁。

幸福就在于内心的稳定。只要我们每天都努力地去争取、去奋斗，即使像老铁匠那样过着简单、平凡的生活，我们也会觉得幸福。

这么多年来，一直有这样一个话题经久不衰，那就是我们究竟是要选择在大城市里奋斗，还是应该选择在小城市里安分守己。为此，大家各执己见。其实，在大城市拼搏的年轻人中获得成功的大有人在，而生活在小城市买房买车，过上了幸福的小日子的人也比比皆是。可是，无论是在大城市，还是小城市，不幸福的人也到处都有。例如，从大城市灰溜溜离开的人，适应不了小城市的人情世故又回到大城市打工的人，他们都没能如愿过上幸福的生活。可见，幸福与否，与城市无关。你如果不为自己的心灵找到栖息之地，到哪儿都是流浪。

幸福就是一种稳定的内心状态。我们没有办法去改变外界的环境，也改变不了别人的生活状态，我们唯一可以决定的就是自己的状态，而这种对于自我状态的把握其实就是幸福能否产生的根源。例如，有的人吃着山珍海味，却食不知味，而有的人却能把咸菜稀粥吃出温暖的感觉；有的人把加班当作是负担，而有的人却认为这是自己成长的机会。

内心的平静并非一种消极的生活方式，而是让我们的内心能够少一些焦躁，多一些从容；少一些抱怨，多一些感恩；少一些彷徨，多一些自信。当你有了这样的心理状态，你就会惊奇地发现，无论何时，你都可以完全掌控自己的生活节奏。遇到需要努力的事情，我们会全力以赴；遇到不可挽回的事情，我们也可以潇洒放手。我们不再会因为别人的喜怒哀乐而患得患失，也不会用别人成功的标准来衡量自己的人生，那些对于未来的不确定感和对于现实的不安全感也会随之逐渐消失。

而这时，你就会有更多的时间和精力去体味生活，你仍然可以去实现自己的愿望，但是，一个愿望实现之后，你不会急于实现下一个，而是懂得停留片刻，去静静地感受愿望实现后带来的幸福。当我们有过幸福的体验后，也就更容易记住这种感觉。而这种感觉就会像一个按钮一样，当你再次遇到不开心的事情的时候就会自动开启，你就可以回想起昔日幸福的感觉，这时，我们就有了对抗不幸的力量。如此循环往复，幸福就会常伴左右。

如果有一天，我们的内心能够做到静若止水，而且这种感觉能够常驻于心、永不消逝，那么无论我们走到哪里，遭遇何种不幸与苦痛，我们心中始终会留有一潭静谧的湖水，于是所有的愤怒、怨恨、恐惧都将溶解在这一潭湖水之中，无比清净、澄澈，愉悦之感就会自心底油然而生。这才是人生最真、最纯的幸福之所在。